바빠 연산법 시리즈

1초 만에 답이 튀어나오는 곱셈구구 훈련서

바쁜 초등학생을 위한 빠른 구구단

개정판

이지스 에듀

지은이 | 징검다리 교육연구소, 강난영, 이은영, 정미란

징검다리 교육연구소는 바쁜 친구들을 위한 빠른 학습법을 연구하는 이지스에듀의 공부 연구소입니다. 아이들이 기계적으로 공부하지 않도록, 두뇌가 활성화되는 과학적 학습 설계가 적용된 책을 만듭니다.

강난영 선생님은 영역별 연산 훈련 교재로, 연산 시장에 새바람을 일으킨 <바빠 연산법> 시리즈를 기획한 저자이다. 또한, 15년이 넘는 기간 동안 디딤돌, 한솔교육, 대교에서 초중등 콘텐츠를 연구, 기획, 개발해 왔다. 대표적인 베스트셀러 도서로는 '바빠 구구단', '바빠 시계와 시간', '바빠 3·4학년 분수', '7살 첫수학 - 시계와 달력' 등이 있다.

이은영 선생님은 수학을 전공하고, 초·중·고등 교과서, 참고서를 기획, 개발, 편집해 왔다. 즐거운 수학 교육을 위해 수학 교구 개발, 체험전시회 기획자로 활동하였고, 딸을 위한 수학 교육을 생각하면서 '바빠 구구단', '7살 첫수학 - 시계와 달력' 등을 집필하였다. 지금도 학생들에게 가장 이로운 수학 교재를 개발하고자 고민하며 노력하고 있다.

정미란 선생님은 수학이 재미있어서 연세대학교에서 수학을 전공하고, 책을 사랑하는 마음으로 초·중·고등 교재의 기획, 편집 및 집필을 하고 있다. 수학 교재 안에서 '개념'과 '문제' 사이의 동반 상승 효과와 학생들에게 도움이 되는 책을 개발하고자 노력하고 있다.

바쁜 친구들이 즐거워지는 빠른 학습법 — 바빠 연산법 시리즈(개정판)

바쁜 초등학생을 위한 빠른 구구단 - 곱셈구구 훈련서

초판 2쇄 발행 2026년 1월 20일
　　　　　　　　(2018년 5월에 출간된 책을 새 교육과정에 맞춰 개정했습니다.)
지은이 징검다리 교육연구소, 강난영, 이은영, 정미란
발행인 이지연
펴낸곳 이지스퍼블리싱(주)
출판사 등록번호 제31-2010-123호
주소 서울시 마포구 잔다리로 109 이지스 빌딩 5층(우편번호 04003)
대표전화 02-325-1722　　　　　　　　　**팩스** 02-326-1723
이지스퍼블리싱 홈페이지 www.easyspub.com　**이지스에듀 카페** www.easysedu.co.kr
바빠 아지트 블로그 blog.naver.com/easyspub　**인스타그램** @easys_edu
페이스북 www.facebook.com/easyspub2014　**이메일** service@easyspub.co.kr

기획 및 책임 편집 박지연 | 김현주, 김경진, 이지혜　**표지 및 본문 디자인** 김세리　**일러스트** 김학수
인쇄 보광문화사　**제본** 정성제책　**독자 지원** 박애림, 이세진, 김수경
영업 및 문의 이주동, 김요한(support@easyspub.co.kr)　**마케팅** 라혜주

ISBN 979-11-6303-801-6 64410
ISBN 979-11-6303-253-3(세트)
가격 11,000원

• **이지스에듀**는 이지스퍼블리싱(주)의 교육 브랜드입니다.
　(이지스에듀는 학생들을 탈락시키지 않고 모두 목적지까지 데려가는 책을 만듭니다!)

⏱ 1초 만에 답이 튀어 나오는 구구단 훈련서

✖ 저학년 초등 수학의 자신감, 구구단부터 시작돼요!

곱셈의 첫걸음인 구구단은 일상생활에서도 널리 이용됩니다. 또한 나중에 배울 나눗셈에도 이용되지요. 구구단은 초등 수학 2학년 2학기 '곱셈구구' 단원에 나옵니다. 그런데 9살 인생 과제라고도 불리는 구구단을 학교에서는 생각보다 더 빠르게 배우고 지나갑니다. 따라서 구구단만큼은 2학년 2학기가 되기 전에 미리 준비해 주는 게 좋습니다.

✖ 구구단 원리부터 암기까지, 빠르고 완벽하게 완성하는 3가지 방법!

☆ 원리부터 이해해야 정확하게 외워요!

초등 수학 교과서에서는 기본에 충실한 수학을 위한 기초 연산의 원리를 강조합니다. 마찬가지로 구구단도 무작정 외우기보다 원리의 이해가 중요합니다. 같은 수를 여러 번 더하는 동수누가 개념을 완전히 이해한 후 구구단을 외워야 곱셈과 나눗셈의 응용 문제도 잘 풀 수 있습니다.

☆ 시간은 아껴 주고, 효과는 극대화하는 방법!

쉬운 문제와 어려운 문제를 똑같이 많이 연습할 필요는 없습니다. '바빠 구구단'은 친구들이 자주 틀리는 구구단만 따로 모아 연습할 수 있어 더 적은 시간으로도 구구단을 완성할 수 있습니다.

☆ '나만의 구구단'으로 헷갈리는 구구단만 집중 공략!

아이마다 헷갈리는 구구단은 다릅니다. 따라서 '바빠 구구단'은 헷갈려하는 구구단을 직접 쓰고 외우게 합니다. 틀린 문제뿐 아니라 잠시 헷갈렸던 문제까지 확실하게 짚고 넘어갈 수 있습니다.

이렇게 공부해야 의미 없는 반복을 피할 수 있어 효율적으로 구구단을 정복할 수 있어요. 개정 교육과정을 반영한 '바빠 구구단'은 더 다양한 활동 유형 문제와 팁을 담아 재미있고 알차게 학습할 수 있어요. 게임으로 즐겁게 마무리하는 특별 부록 구구단 게임판도 있으니 지금 당장 '바빠 구구단'을 만나 보세요!

1단계 아하! 구구단 원리부터 배우면 달라요!

'아하! 구구단'에서는 구구단을 외우기 전에 구구단의 원리를 먼저 배우고 익혀요.

개념을 알면 간단히 풀 수 있는 문제인 '잠깐! 퀴즈'로 개념을 이해했는지 바로 확인해 보세요!

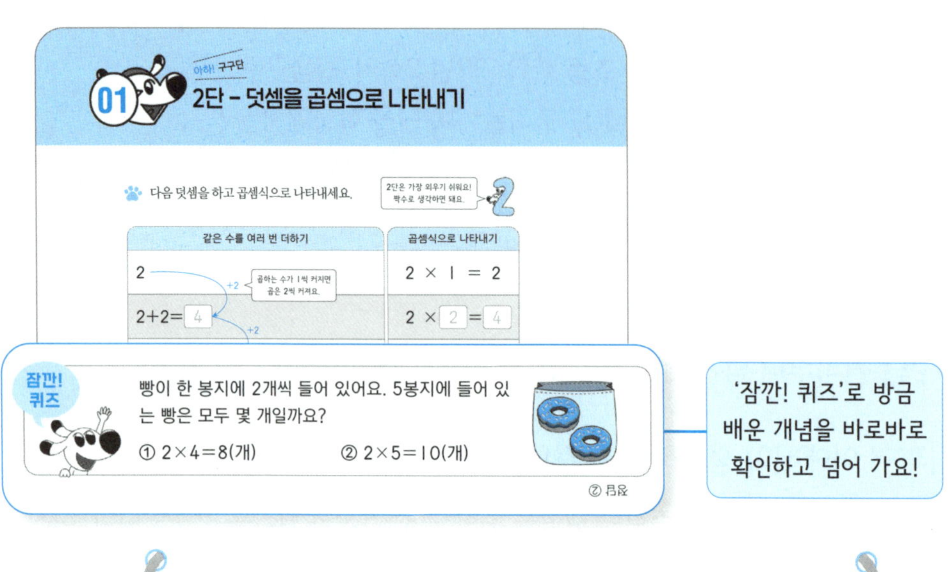

'잠깐! 퀴즈'로 방금 배운 개념을 바로바로 확인하고 넘어 가요!

2단계 도전! 구구단 시간을 아껴 주는 연습법!

'도전! 구구단'에서는 앞에서 배운 개념을 바탕으로 곱셈 문제를 연습해요.

많은 문제를 풀지 않아도, 자주 실수하는 문제를 따로 모아 풀면 더욱 효과적으로 익힐 수 있어요!

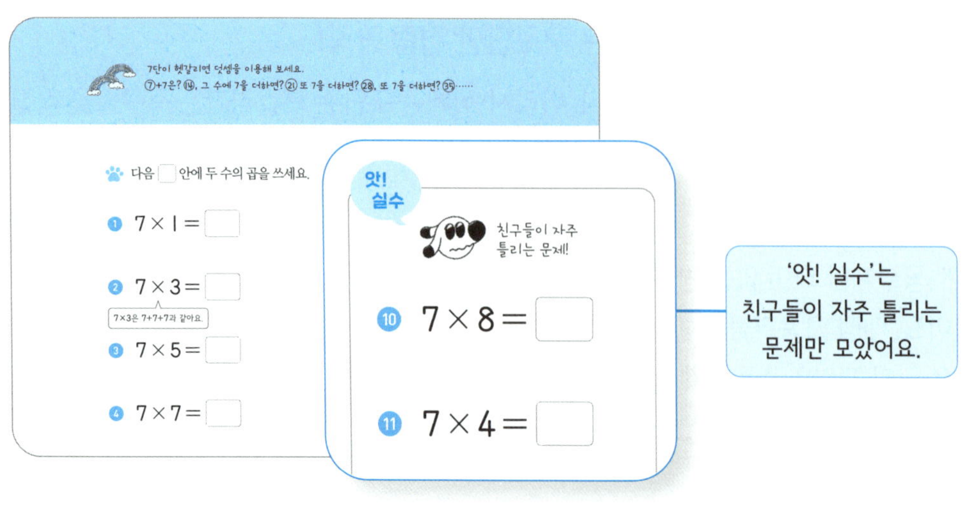

'앗! 실수'는 친구들이 자주 틀리는 문제만 모았어요.

3단계 섞어! 구구단 섞어 풀고 '나만의 구구단'으로 완벽하게 익혀요!

'섞어! 구구단'에서는 따로 연습한 각 단을 섞어 연습할 거예요.
내가 헷갈렸던 문제를 직접 쓰고 완벽하게 외우고 넘어가요!

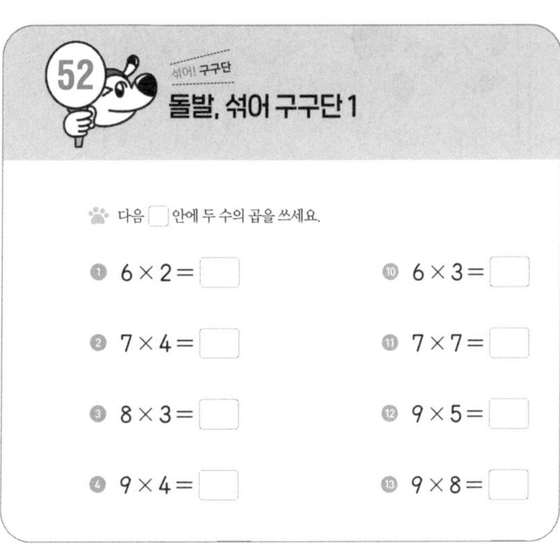

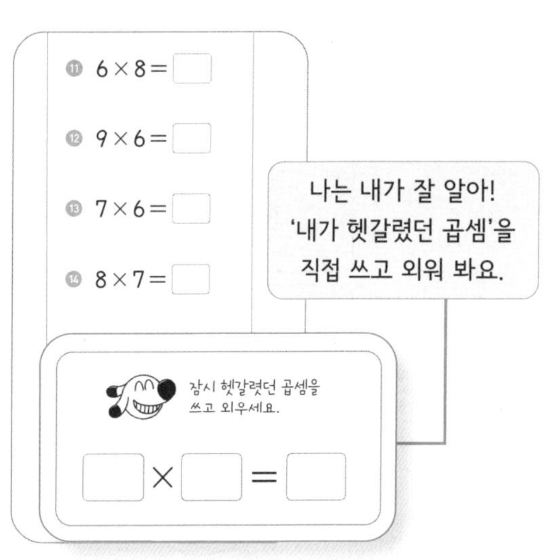

★ 보너스 구구단 활용 문제로 응용력을 키우고 게임판으로 마무리까지!

모든 단을 외웠다면 이제 구구단 응용 문제와 생활 속 기초 문장제도 도전해 보세요.
마무리로 구구단이 저절로 나오는 게임판도 활용할 수 있어요!

그래서 '3+3+3+3=12와 같은 셈을 좀 더 편하게 계산하는 방법은 무엇일까?' 고민하면서 만든 것이 곱하기 기호 '×'예요.

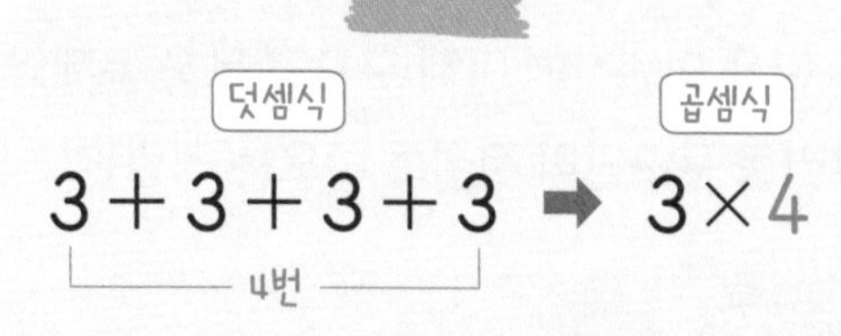

이처럼 곱셈은 같은 수를 여러 번 더하는 덧셈을 간단하게 표현하고 계산도 편리하게 해줘요.

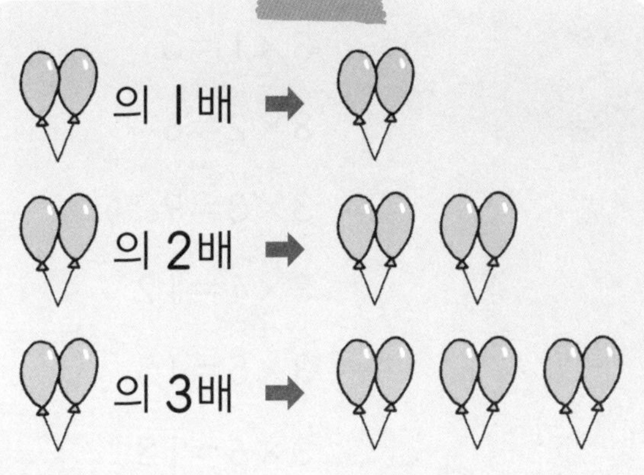

곱셈은 수를 변화시키는 힘을 가지고 있어요. 예를 들어 쁘냥이가 풍선이 2개씩 묶인 풍선 묶음을 하나 가지고 있어요.

쁘냥이가 가진 풍선의 3배를 빠독이가 가지고 있다면, 빠독이는 풍선을 몇 개 가지고 있을까요?

그림을 보면 풍선 2개의 1배는 2개, 2개의 2배는 4개, 2개의 3배는 6개가 되는 것을 알 수 있어요. 따라서 2의 1배는 2×1, 2의 2배는 2×2, 2의 3배는 2×3과 같아요.

$$2의 1배 ➡ 2×1 ➡ 2×1=2$$
$$2의 2배 ➡ 2×2 ➡ 2×2=4$$
$$2의 3배 ➡ 2×3 ➡ 2×3=6$$

이처럼 곱셈은 어떤 수에 몇 배를 하여 수를 늘리는 마법을 부려요.

곱셈의 시작, 구구단!

곱셈을 잘하려면 구구단을 정확하게 익혀야 해요.
구구단을 알면 일상생활 속에서 더 똑똑하게 문제를 해결할 수 있어요.
이제 마법 같은 구구단을 익히러 가 볼까요?

2단

$2 \times 1 = 2$

$2 \times 2 = 4$

$2 \times 3 = 6$

$2 \times 4 = 8$

$2 \times 5 = 10$

$2 \times 6 = 12$

$2 \times 7 = 14$

$2 \times 8 = 16$

$2 \times 9 = 18$

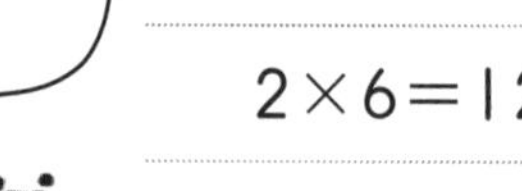

3단

$3 \times 1 = 3$

$3 \times 2 = 6$

$3 \times 3 = 9$

$3 \times 4 = 12$

$3 \times 5 = 15$

$3 \times 6 = 18$

$3 \times 7 = 21$

$3 \times 8 = 24$

$3 \times 9 = 27$

4단

$4 \times 1 = 4$

$4 \times 2 = 8$

$4 \times 3 = 12$

$4 \times 4 = 16$

$4 \times 5 = 20$

$4 \times 6 = 24$

$4 \times 7 = 28$

$4 \times 8 = 32$

$4 \times 9 = 36$

5단

$5 \times 1 = 5$

$5 \times 2 = 10$

$5 \times 3 = 15$

$5 \times 4 = 20$

$5 \times 5 = 25$

$5 \times 6 = 30$

$5 \times 7 = 35$

$5 \times 8 = 40$

$5 \times 9 = 45$

구구단 외우기	1차 도전	2차 도전
걸린 시간	분 초	분 초

★ 최종 목표 2분 안에! ★

6단

$6 \times 1 = 6$

$6 \times 2 = 12$

$6 \times 3 = 18$

$6 \times 4 = 24$

$6 \times 5 = 30$

$6 \times 6 = 36$

$6 \times 7 = 42$

$6 \times 8 = 48$

$6 \times 9 = 54$

3단의
짝수 번째
곱!

3
6
9
12
15
18
21
24
27

7단

$7 \times 1 = 7$

$7 \times 2 = 14$

$7 \times 3 = 21$

$7 \times 4 = 28$

$7 \times 5 = 35$

$7 \times 6 = 42$

$7 \times 7 = 49$

$7 \times 8 = 56$

$7 \times 9 = 63$

8단

$8 \times 1 = 8$

$8 \times 2 = 16$

$8 \times 3 = 24$

$8 \times 4 = 32$

$8 \times 5 = 40$

$8 \times 6 = 48$

$8 \times 7 = 56$

$8 \times 8 = 64$

$8 \times 9 = 72$

4단의
짝수 번째
곱!

4
8
12
16
20
24
28
32
36

9단

$9 \times 1 = 9$

$9 \times 2 = 18$

$9 \times 3 = 27$

$9 \times 4 = 36$

$9 \times 5 = 45$

$9 \times 6 = 54$

$9 \times 7 = 63$

$9 \times 8 = 72$

$9 \times 9 = 81$

1씩
늘어요!

1
2
3
4
5
6
7
8

1씩
줄어요!

9
8
7
6
5
4
3
2
1

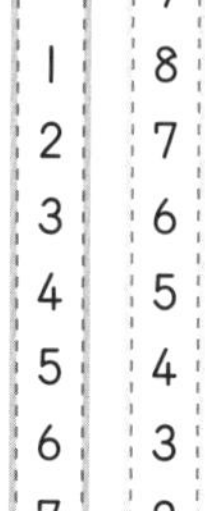

차 례

권장 진도표

🕐	28일 완성	14일 완성
☐ 1일차	01~03과	01~05과
☐ 2일차	04~05과	06~10과
☐ 3일차	06~08과	11~15과
☐ 4일차	09~10과	16~20과
☐ 5일차	11~13과	21~26과
☐ 6일차	14~15과	27~31과
☐ 7일차	16~18과	32~36과
☐ 8일차	19~20과	37~41과
☐ 9일차	21~23과	42~46과
☐ 10일차	24~26과	47~51과
☐ 11일차	27~29과	52~57과
☐ 12일차	30~31과	58~61과
☐ 13일차	32~34과	62~64과
☐ 14일차	35~36과	65~66과
☐ 15일차	37~39과	
☐ 16일차	40~41과	
☐ 17일차	42~44과	
☐ 18일차	45~46과	
☐ 19일차	47~49과	
☐ 20일차	50~51과	
☐ 21일차	52~53과	
☐ 22일차	54~55과	
☐ 23일차	56~57과	
☐ 24일차	58~59과	
☐ 25일차	60~61과	
☐ 26일차	62~64과	
☐ 27일차	65과	
☐ 28일차	66과	

3·4학년이라면 결손 보강으로 빠르게 14일 완성!

1·2학년이라면 28일에 완성하세요!

* 가볍게 공부할 때는 하루에 1~2과씩 풀어 보세요!

2단부터 5단까지 익히기

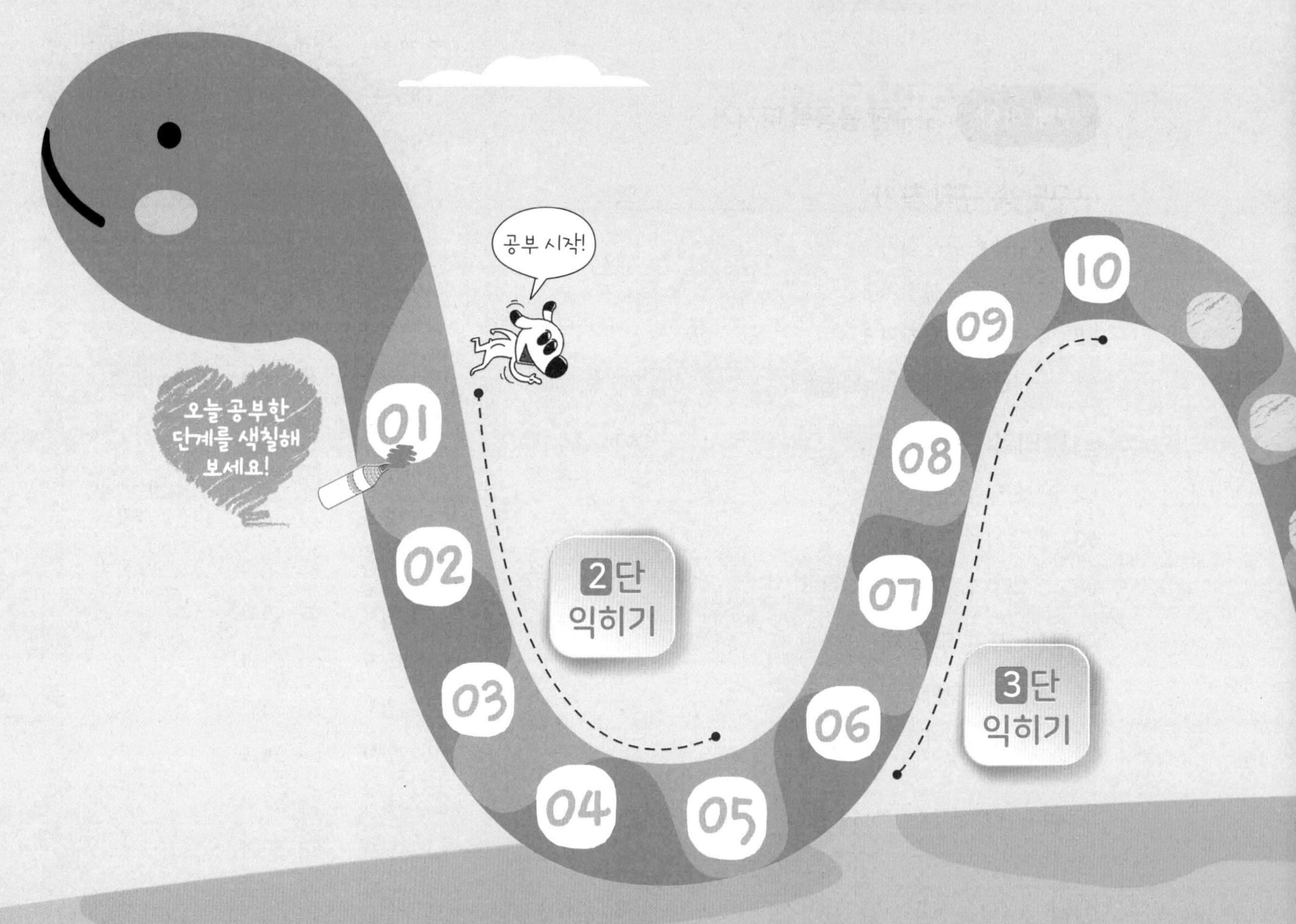

나의 공부 계획
공부한 날짜
2단 익히기
시작: 월 일
끝: 월 일
3단 익히기
시작: 월 일
끝: 월 일
4단 익히기
시작: 월 일
끝: 월 일
5단 익히기
시작: 월 일
끝: 월 일
돌발, 섞어 구구단
시작: 월 일
끝: 월 일
곱셈표 섞어 구구단
시작: 월 일
끝: 월 일
그림 섞어 구구단
시작: 월 일
끝: 월 일
5단 익히기
4단 익히기
돌발, 섞어 구구단
곱셈표 섞어 구구단
그림 섞어 구구단
조금만 더~
5단까지 완성!
16 17 18 15 19 14 20 13 21 12 22 11 23 24 25 26

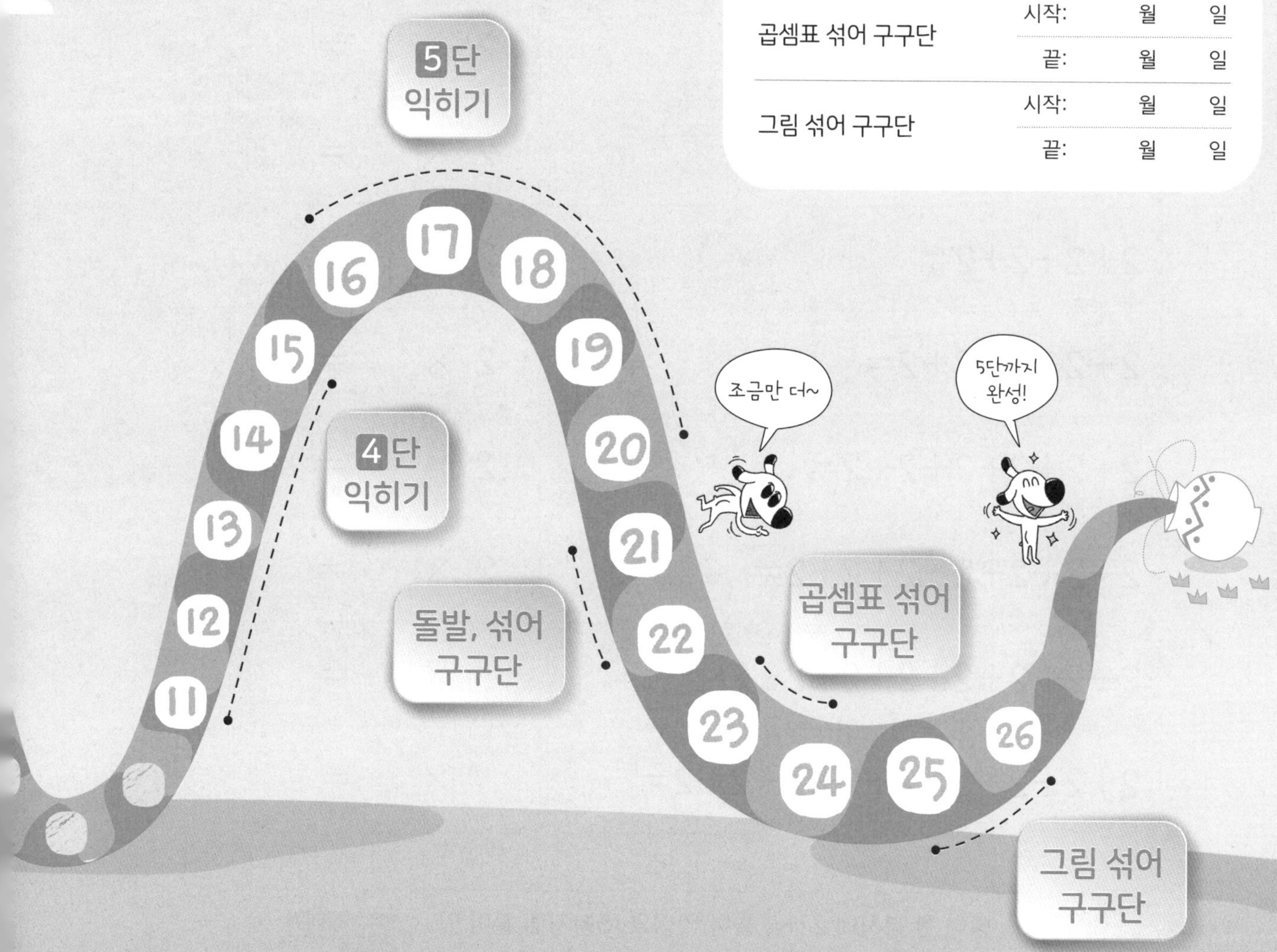

2단 – 덧셈을 곱셈으로 나타내기

 다음 덧셈을 하고 곱셈식으로 나타내세요.

같은 수를 여러 번 더하기	곱셈식으로 나타내기
2	$2 \times 1 = 2$
$2+2=\boxed{4}$	$2 \times \boxed{2} = \boxed{4}$
$2+2+2=\boxed{}$	$2 \times \boxed{} = \boxed{}$
$2+2+2+2=\boxed{}$	$2 \times \boxed{} = \boxed{}$
$2+2+2+2+2=\boxed{}$	$2 \times \boxed{} = \boxed{}$
$2+2+2+2+2+2=\boxed{}$	$2 \times \boxed{} = \boxed{}$
$2+2+2+2+2+2+2=\boxed{}$	$2 \times \boxed{} = \boxed{}$
$2+2+2+2+2+2+2+2=\boxed{}$	$\boxed{} \times \boxed{} = \boxed{}$
$2+2+2+2+2+2+2+2+2=\boxed{}$	$\boxed{} \times \boxed{} = \boxed{}$

빵이 한 봉지에 2개씩 들어 있어요. 5봉지에 들어 있는 빵은 모두 몇 개일까요?

① $2 \times 4 = 8$(개)   ② $2 \times 5 = 10$(개)

② 답장

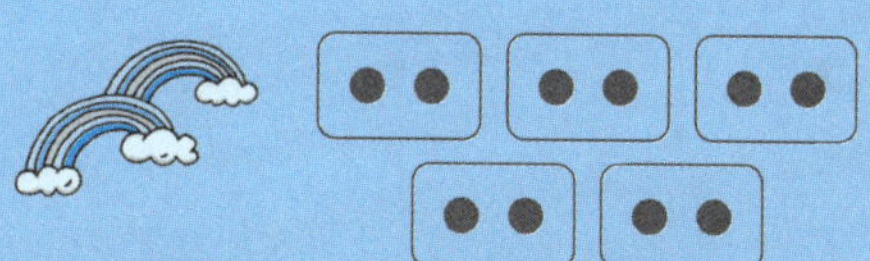

🐾 다음 덧셈은 곱셈식으로, 곱셈은 덧셈식으로 나타내세요.

①  ➡ $2 \times \boxed{} = \boxed{}$

② $2+2+2$ ➡

③ $2+2+2+2+2$ ➡

④ $2+2+2+2+2+2+2+2$ ➡

⑤ 2 ➡ $\boxed{} \times \boxed{} = \boxed{}$

⑥ 2×4 ➡ $\boxed{} + \boxed{} + \boxed{} + \boxed{} = \boxed{}$

⑦ 2×6 ➡

⑧ 2×7 ➡

⑨ 2×9 ➡

02 2단 - 몇 배 알기

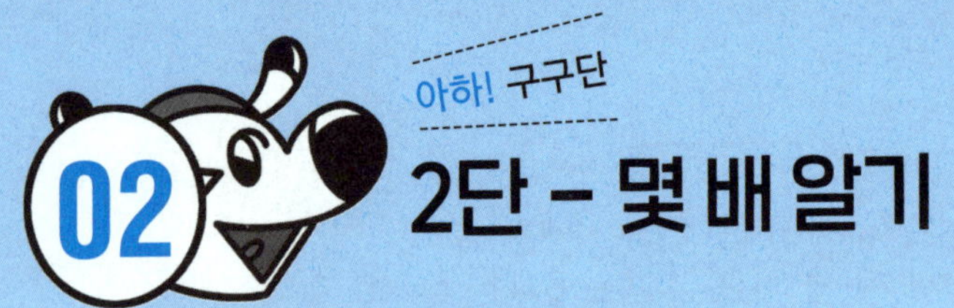

🐾 다음 곱셈이 2의 몇 배인지 쓰고 계산하세요.

곱셈	몇 배	곱셈식
2×1	2의 ⬚1 배	2×1 = ⬚2
2×2	2의 ⬚ 배	2×2 = ⬚
2×3	2의 ⬚ 배	2×3 = ⬚
2×4	2의 ⬚ 배	2×4 = ⬚
2×5	2의 ⬚ 배	2×5 = ⬚
2×6	2의 ⬚ 배	2×6 = ⬚
2×7	2의 ⬚ 배	2×7 = ⬚
2×8	2의 ⬚ 배	2×8 = ⬚
2×9	⬚의 ⬚ 배	2×9 = ⬚

잠깐! 퀴즈

'2의 4배'를 곱셈식으로 바르게 나타낸 것은 무엇일까요?

① 2×4=8   ② 2×4=24

정답 ①

다음 동물의 위치를 보고 2의 몇 배인지 쓴 다음 곱셈식으로 나타내세요.

1

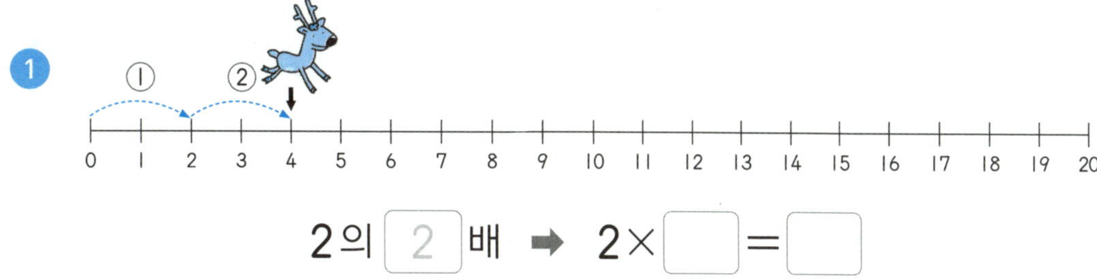

2의 [2] 배 ➡ 2×[ ]=[ ]

2

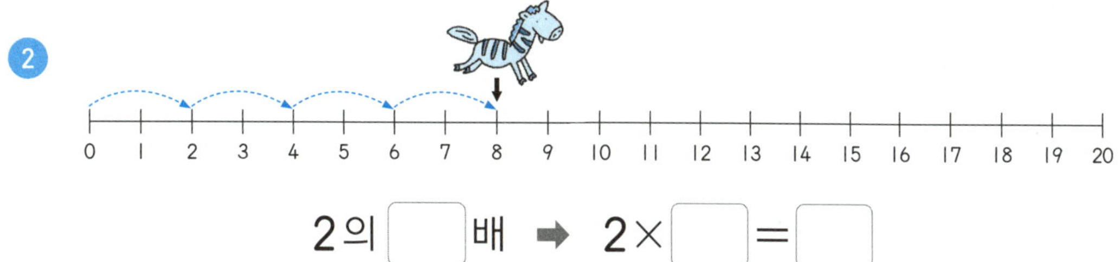

2의 [ ] 배 ➡ 2×[ ]=[ ]

3

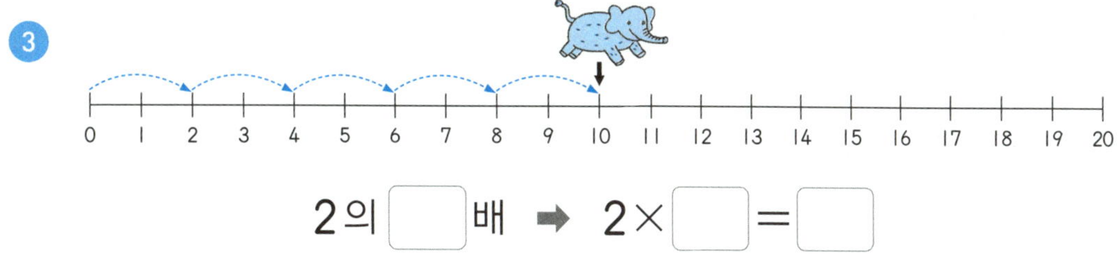

2의 [ ] 배 ➡ 2×[ ]=[ ]

4

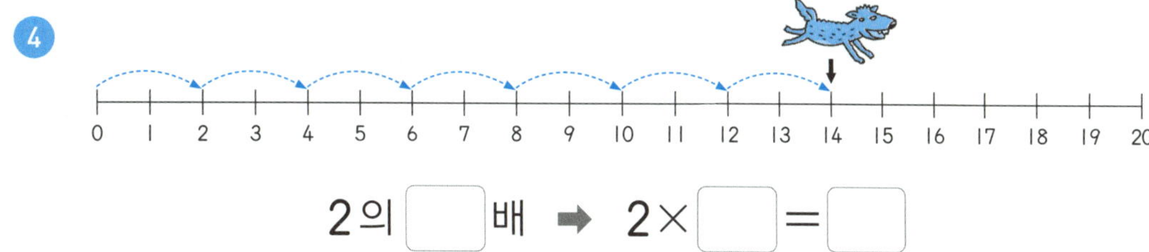

2의 [ ] 배 ➡ 2×[ ]=[ ]

5

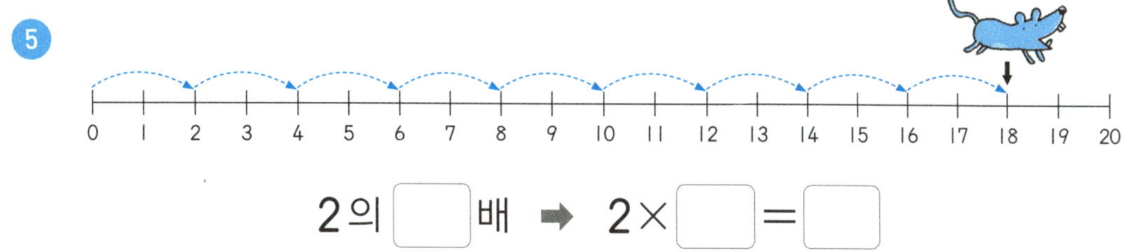

2의 [ ] 배 ➡ 2×[ ]=[ ]

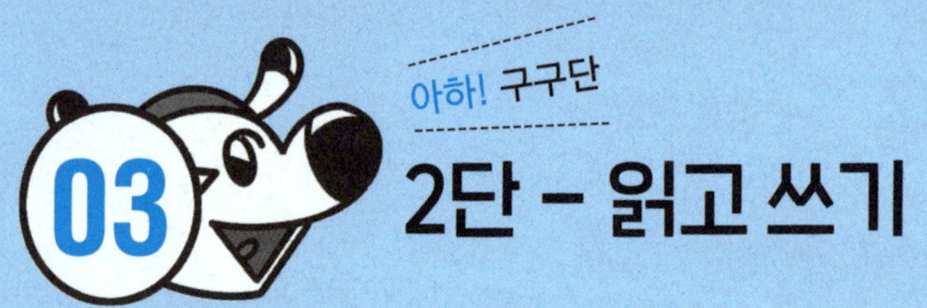

03 2단 – 읽고 쓰기

다음 2단을 바르게 읽고 쓰세요.

2단	읽기	쓰기
$2 \times 1 = 2$	이 일은 이	$2 \times 1 = 2$
$2 \times 2 = 4$	이 이는 ☐	$2 \times$
$2 \times 3 = 6$	이 삼은 육	
$2 \times 4 = 8$	이 사 ☐	
$2 \times 5 = 10$	이 오 십	
$2 \times 6 = 12$	이 육 ☐	
$2 \times 7 = 14$	이 칠 십사	
$2 \times 8 = 16$	☐ 팔 ☐	
$2 \times 9 = 18$	☐	

잠깐! 퀴즈 '$2 \times 3 = 6$'을 바르게 읽은 것은 무엇일까요?

① 이 삼은 육   ② 둘 셋 여섯

① 답장

다음 2단을 읽은 것은 곱셈식으로 나타내고, 곱셈식은 바르게 읽으세요.

1 이 일은 이 ➡ [2] × [ ] = [ ]

2 이 오 십 ➡

3 이 칠 십사 ➡

4 이 구 십팔 ➡

5 이 삼은 육 ➡

6 $2 \times 2 = 4$ ➡ 이 이는 [ ]

7 $2 \times 4 = 8$ ➡ 이 사 [ ]

8 $2 \times 8 = 16$ ➡ 이 팔 [ ]

9 $2 \times 6 = 12$ ➡ 이 육 [ ]

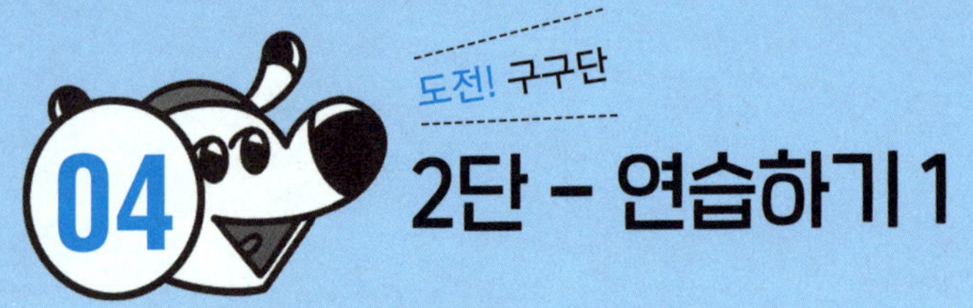

04 2단 - 연습하기 1

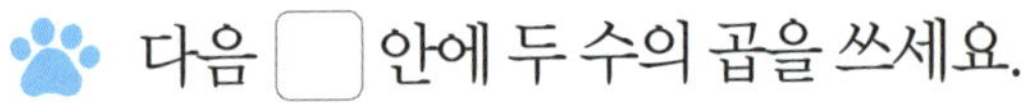

다음 □ 안에 두 수의 곱을 쓰세요.

① 2 × 1 =

② 2 × 2 =

③ 2 × 3 =

④ 2 × 4 =

⑤ 2 × 5 =

⑥ 2 × 6 =

⑦ 2 × 7 =

⑧ 2 × 8 =

⑨ 2 × 9 =

⑩ 2 × 9 =

⑪ 2 × 8 =

⑫ 2 × 7 =

⑬ 2 × 6 =

⑭ 2 × 5 =

⑮ 2 × 4 =

⑯ 2 × 3 =

⑰ 2 × 2 =

⑱ 2 × 1 =

🐾 다음 ☐ 안에 두 수의 곱을 쓰세요.

1 $2 \times 3 =$ ☐

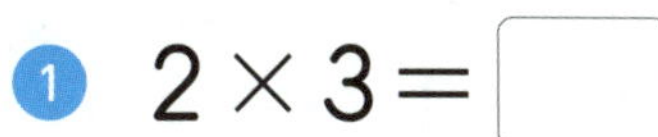

2 $2 \times 1 =$ ☐

3 $2 \times 7 =$ ☐

4 $2 \times 9 =$ ☐

5 $2 \times 5 =$ ☐

6 $2 \times 2 =$ ☐

7 $2 \times 6 =$ ☐

8 $2 \times 4 =$ ☐

9 $2 \times 8 =$ ☐

10 $2 \times 6 =$ ☐

11 $2 \times 8 =$ ☐

12 $2 \times 7 =$ ☐

13 $2 \times 9 =$ ☐

다음 10칸 곱셈표를 완성하세요.

1

×	1	2	3	4	5	6	7	8	9	10
2	2			8		12		16		20

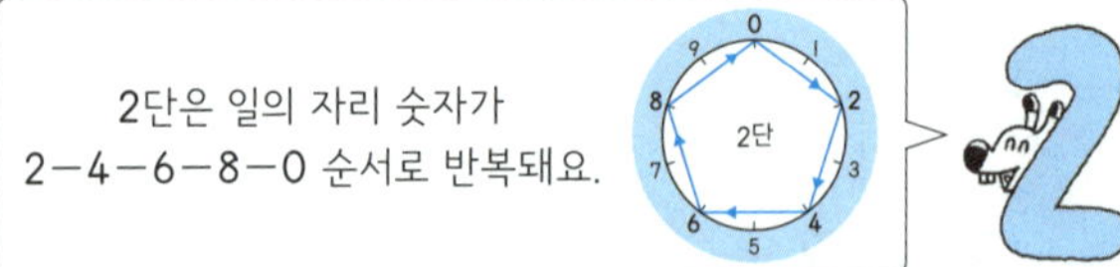

2

×	10	9	8	7	6	5	4	3	2	1
2	20									

3

×	9	5	1	8	4	2	3	7	6	10
2										20

4

×	3	5	1	10	8	2	9	7	4	6
2				20						

고양이들이 실뭉치를 가지고 놀다가 놓쳤습니다. 각 고양이의 실뭉치는 무엇일까요? 두 수의 곱이 적힌 실뭉치를 찾아 선으로 이어 보세요.

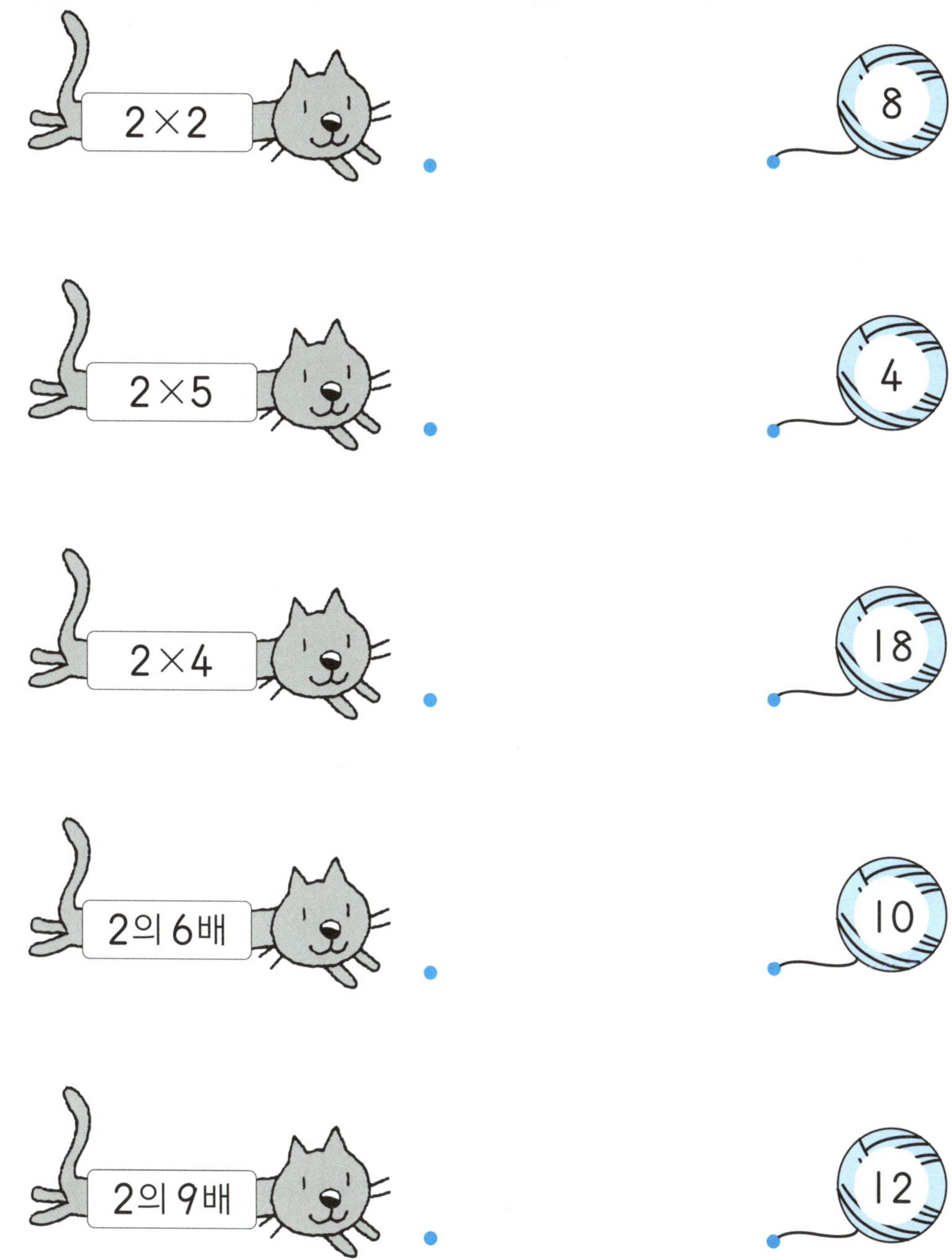
2×2
8
2×5
4
2×4
18
2의 6배
10
2의 9배
12

아하! 구구단

06 3단 – 덧셈을 곱셈으로 나타내기

다음 덧셈을 하고 곱셈식으로 나타내세요.

(곱하는 수가 1씩 커지면 곱은 3씩 커져요. / +3)

같은 수를 여러 번 더하기	곱셈식으로 나타내기
3	3 × 1 = 3
3+3= 6	3 × 2 = 6
3+3+3= □	3 × □ = □
3+3+3+3= □	3 × □ = □
3+3+3+3+3= □	3 × □ = □
3+3+3+3+3+3= □	3 × □ = □
3+3+3+3+3+3+3= □	3 × □ = □
3+3+3+3+3+3+3+3= □	□ × □ = □
3+3+3+3+3+3+3+3+3= □	□ × □ = □

잠깐! 퀴즈

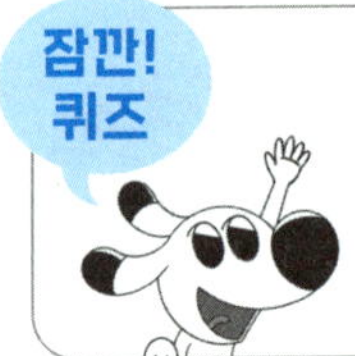

세 발 자전거 5대의 바퀴의 수는 모두 몇 개일까요?

① 2×5=10(개) ② 3×5=15(개)

답 ②

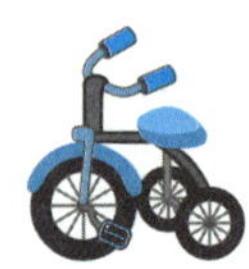

🐾 다음 덧셈은 곱셈식으로, 곱셈은 덧셈식으로 나타내세요.

① $3+3+3$ ➡ $3 \times \boxed{} = \boxed{}$

② 3 ➡ $\boxed{} \times \boxed{} = \boxed{}$

③ $3+3+3+3+3$ ➡

④ $3+3+3+3+3+3+3$ ➡

⑤ $3+3+3+3+3+3+3+3$ ➡

⑥ 3×2 ➡ $\boxed{} + \boxed{} = \boxed{}$

⑦ 3×4 ➡

⑧ 3×6 ➡

⑨ 3×9 ➡

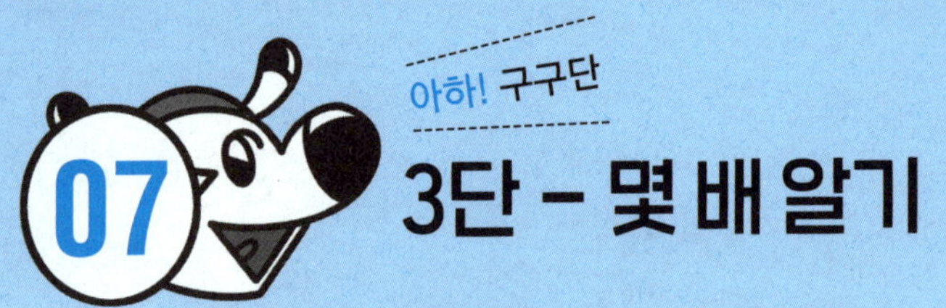

3단 - 몇 배 알기

🐾 다음 곱셈이 3의 몇 배인지 쓰고 계산하세요.

곱셈	몇 배	곱셈식
3×1	3의 ☐ 배	$3 \times 1 =$ 3
3×2	3의 ☐ 배	$3 \times 2 =$ ☐
3×3	3의 ☐ 배	$3 \times 3 =$ ☐
3×4	3의 ☐ 배	$3 \times 4 =$ ☐
3×5	3의 ☐ 배	$3 \times 5 =$ ☐
3×6	3의 ☐ 배	$3 \times 6 =$ ☐
3×7	3의 ☐ 배	$3 \times 7 =$ ☐
3×8	3의 ☐ 배	$3 \times 8 =$ ☐
3×9	☐의 ☐ 배	$3 \times 9 =$ ☐

'3의 6배'는 얼마일까요?

① 18   ② 36

정답 ①

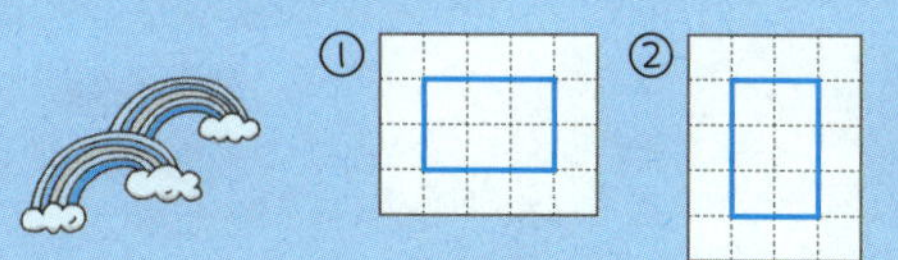

다음 그림은 3의 몇 배인지 쓰고 곱셈식으로 나타내세요.

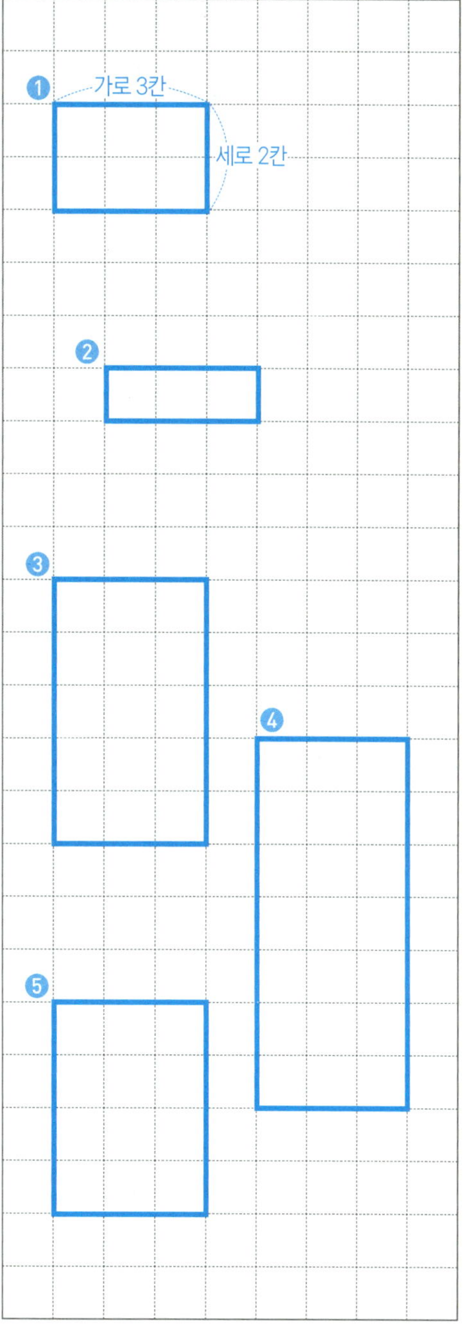

1 3의 [2] 배

➡ 3 × [ ] = [ ]

2 3의 [ ] 배

➡ 3 × [ ] = [ ]

3 3의 [ ] 배

➡ 3 × [ ] = [ ]

4 3의 [ ] 배

➡ 3 × [ ] = [ ]

5 3의 [ ] 배

➡ 3 × [ ] = [ ]

176쪽 '특별 부록2'의 땅따먹기 놀이도 해 보세요~

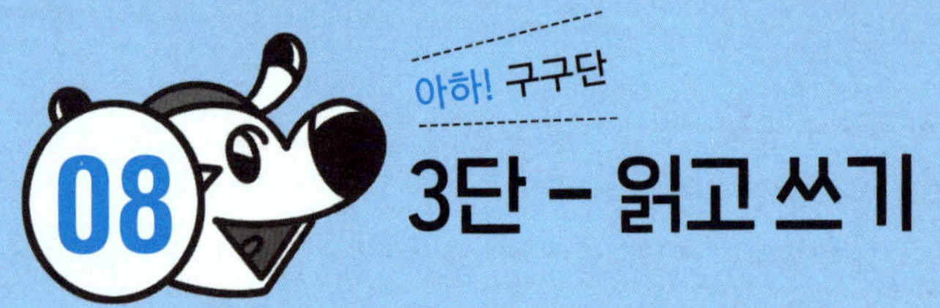

08 3단 – 읽고 쓰기

🐾 다음 3단을 바르게 읽고 쓰세요.

3단	읽기	쓰기
$3 \times 1 = 3$	삼 일은 삼	$3 \times 1 = 3$
$3 \times 2 = 6$	삼 이 ☐	$3 \times$
$3 \times 3 = 9$	삼 삼은 구	
$3 \times 4 = 12$	삼 사 ☐	
$3 \times 5 = 15$	삼 오 ☐	
$3 \times 6 = 18$	삼 육 ☐	
$3 \times 7 = 21$	삼 칠 이십일	
$3 \times 8 = 24$	☐ 팔 ☐	
$3 \times 9 = 27$	☐	

잠깐! 퀴즈

'삼 팔 이십사'를 곱셈식으로 바르게 나타낸 것은 무엇일까요?

① $3 \times 8 = 24$ ② $3 \times 9 = 27$

정답 ①

 다음 3단을 읽은 것은 곱셈식으로 나타내고, 곱셈식은 바르게 읽으세요.

1 삼 삼은 구 ➡ $3 \times \boxed{} = \boxed{}$

2 삼 오 십오 ➡

3 삼 칠 이십일 ➡

4 삼 팔 이십사 ➡

5 삼 구 이십칠 ➡

6 $3 \times 1 = 3$ ➡ 삼 일은 $\boxed{}$

7 $3 \times 2 = 6$ ➡ 삼 이 $\boxed{}$

8 $3 \times 4 = 12$ ➡ 삼 사 $\boxed{}$

9 $3 \times 6 = 18$ ➡ 삼 육 $\boxed{}$

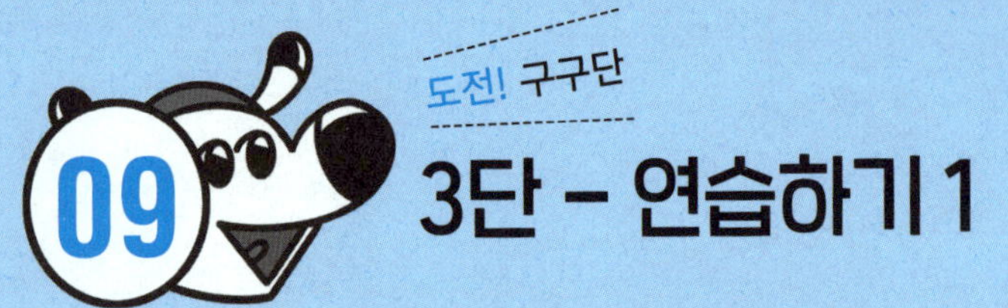

09 3단 – 연습하기 1

🐾 다음 ▢ 안에 두 수의 곱을 쓰세요.

① 3 × 1 = ▢

② 3 × 2 = ▢

③ 3 × 3 = ▢

④ 3 × 4 = ▢

⑤ 3 × 5 = ▢

⑥ 3 × 6 = ▢

⑦ 3 × 7 = ▢

⑧ 3 × 8 = ▢

⑨ 3 × 9 = ▢

⑩ 3 × 9 = ▢

⑪ 3 × 8 = ▢

⑫ 3 × 7 = ▢

⑬ 3 × 6 = ▢

⑭ 3 × 5 = ▢

⑮ 3 × 4 = ▢

⑯ 3 × 3 = ▢

⑰ 3 × 2 = ▢

⑱ 3 × 1 = ▢

3단은 '3, 6, 9' 게임으로 연습하면 좋아요.
1부터 차례대로 번갈아 말하면서 3단의 수가
나오면 박수를 쳐봐요.

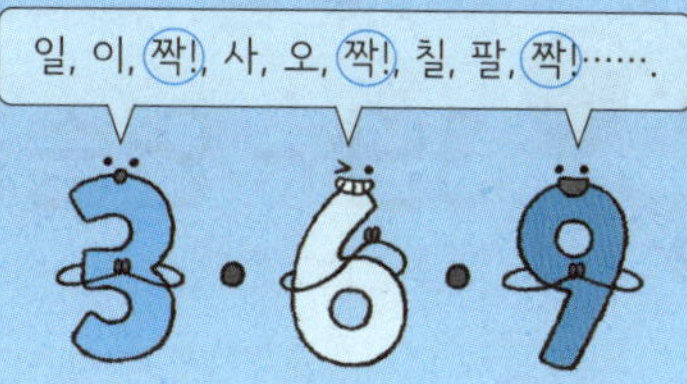

다음 ☐ 안에 두 수의 곱을 쓰세요.

1 $3 \times 2 =$ ☐

2 $3 \times 4 =$ ☐

3 $3 \times 5 =$ ☐

4 $3 \times 8 =$ ☐

5 $3 \times 1 =$ ☐

6 $3 \times 9 =$ ☐

7 $3 \times 6 =$ ☐

8 $3 \times 3 =$ ☐

9 $3 \times 7 =$ ☐

앗! 실수

친구들이 자주 틀리는 문제!

10 $3 \times 7 =$ ☐

11 $3 \times 8 =$ ☐

12 $3 \times 6 =$ ☐

13 $3 \times 9 =$ ☐

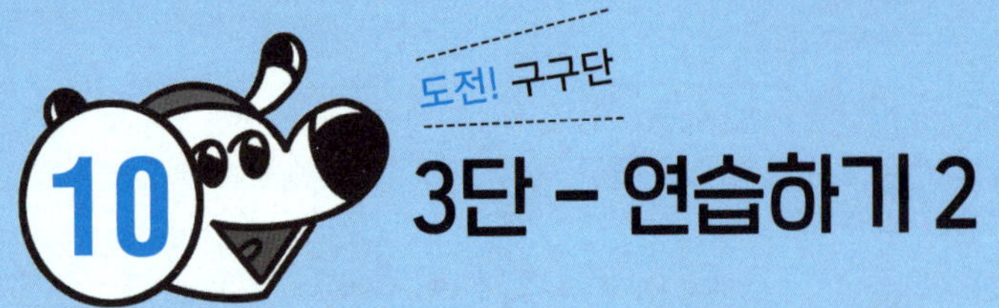

3단 – 연습하기 2

다음 10칸 곱셈표를 완성하세요.

1

×	1	2	3	4	5	6	7	8	9	10
3	3				15	18			27	30

2

×	10	9	8	7	6	5	4	3	2	1
3	30									

3

×	6	4	1	7	3	5	9	2	8	10
3										30

4

×	3	2	6	10	1	5	9	4	8	7
3				30						

올바른 답이 적힌 길을 따라가면 도토리 창고에 갈 수 있어요. 다람쥐가 가
야할 길을 선으로 이어 보세요.

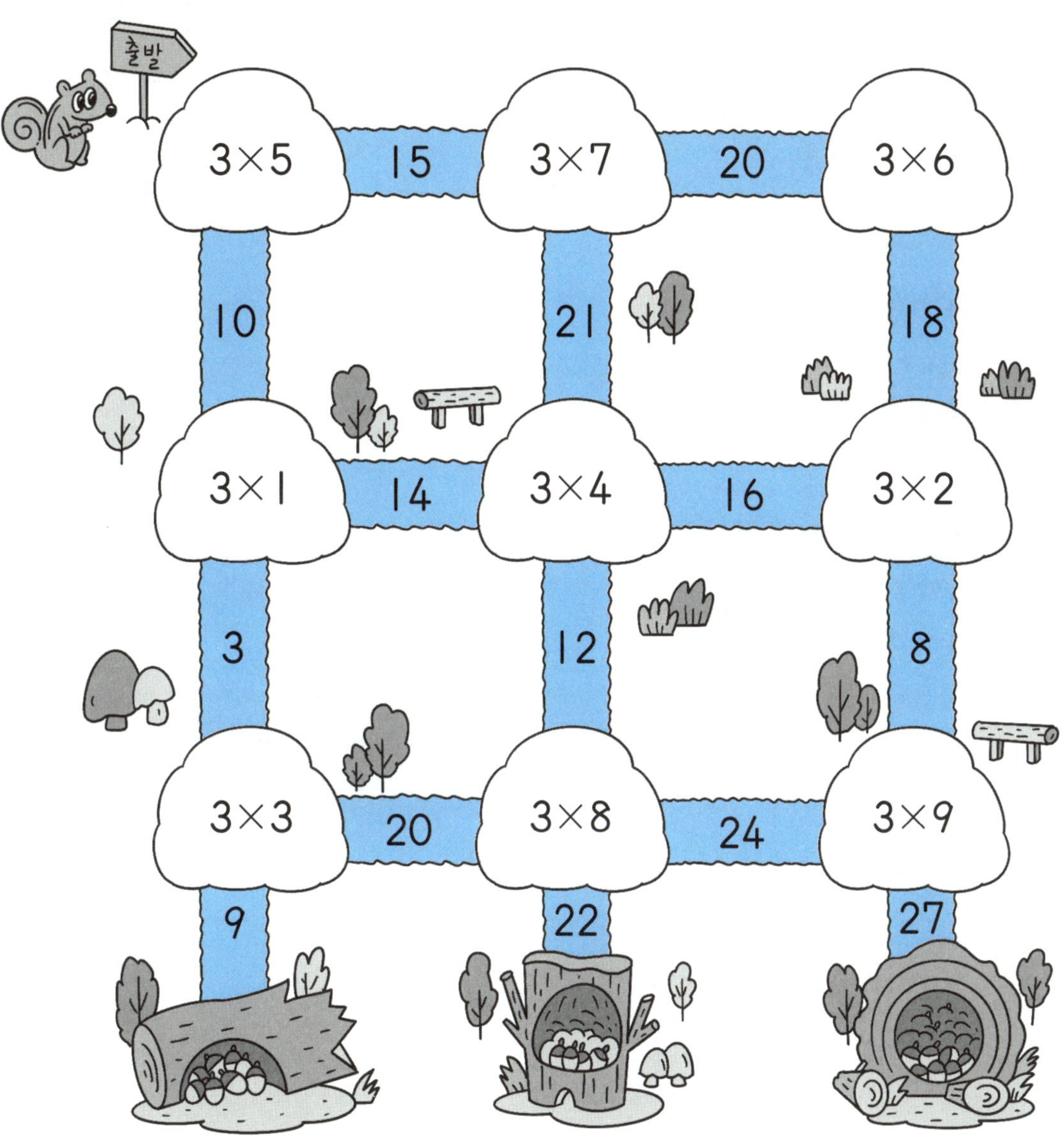

출발
3×5
15
3×7
20
3×6
10
21
18
3×1
14
3×4
16
3×2
3
12
8
3×3
20
3×8
24
3×9
9
22
27

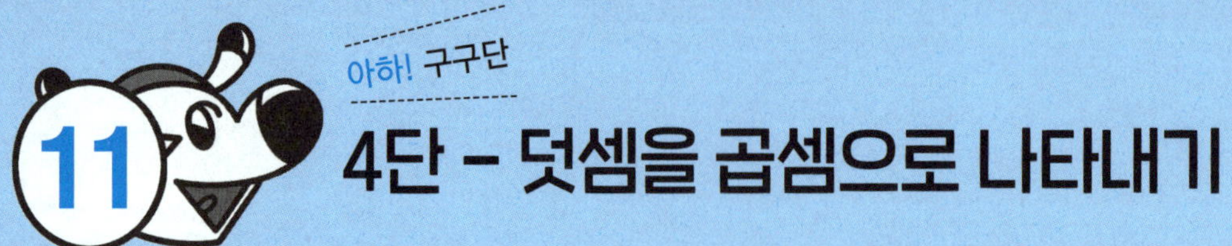

11 4단 – 덧셈을 곱셈으로 나타내기

다음 덧셈을 하고 곱셈식으로 나타내세요.

같은 수를 여러 번 더하기	곱셈식으로 나타내기
4	$4 \times 1 = 4$
$4+4=\boxed{8}$	$4 \times \boxed{2} = \boxed{8}$
$4+4+4=\boxed{}$	$4 \times \boxed{} = \boxed{}$
$4+4+4+4=\boxed{}$	$4 \times \boxed{} = \boxed{}$
$4+4+4+4+4=\boxed{}$	$4 \times \boxed{} = \boxed{}$
$4+4+4+4+4+4=\boxed{}$	$4 \times \boxed{} = \boxed{}$
$4+4+4+4+4+4+4=\boxed{}$	$4 \times \boxed{} = \boxed{}$
$4+4+4+4+4+4+4+4=\boxed{}$	$\boxed{} \times \boxed{} = \boxed{}$
$4+4+4+4+4+4+4+4+4=\boxed{}$	$\boxed{} \times \boxed{} = \boxed{}$

곱하는 수가 1씩 커지면 곱은 4씩 커져요.

잠깐! 퀴즈 '4×3'과 같은 덧셈은 무엇일까요?

① 4+4 　　　　② 4+4+4

정답 ②

🐾 다음 덧셈은 곱셈식으로, 곱셈은 덧셈식으로 나타내세요.

①  ➡ $4 \times \boxed{} = \boxed{}$

② $4+4+4+4$ ➡

③ $4+4+4+4+4+4$ ➡

④ $4+4+4+4+4+4+4$ ➡

⑤ 4 ➡ $\boxed{} \times \boxed{} = \boxed{}$

⑥ 4×3 ➡ $\boxed{} + \boxed{} + \boxed{} = \boxed{}$

⑦ 4×8 ➡

⑧ 4×5 ➡

⑨ 4×9 ➡

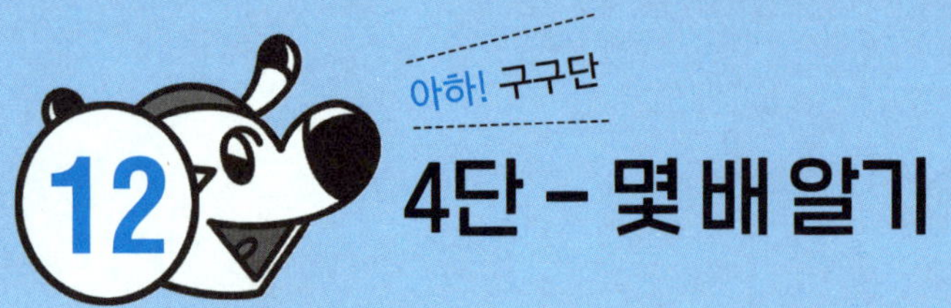

4단 – 몇 배 알기

🐾 다음 곱셈이 4의 몇 배인지 쓰고 계산하세요.

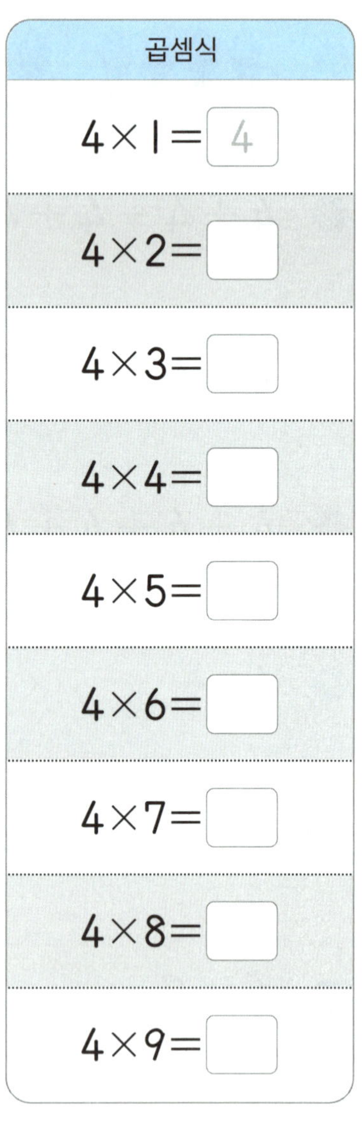

곱셈	몇 배	곱셈식
4×1	4의 1 배	4×1= 4
4×2	4의 □ 배	4×2= □
4×3	4의 □ 배	4×3= □
4×4	4의 □ 배	4×4= □
4×5	4의 □ 배	4×5= □
4×6	4의 □ 배	4×6= □
4×7	4의 □ 배	4×7= □
4×8	4의 □ 배	4×8= □
4×9	□	4×9= □

'4×9'는 4의 몇 배일까요?

① 4배　　　　　② 9배

② : 답정

다음 그림을 보고 4의 몇 배인지 곱셈식으로 나타내세요.

1  스쿨버스가 3대 있을 때 바퀴의 수

$\Rightarrow$ $4 \times \boxed{} = \boxed{}$ (개)

2  악어가 5마리 있을 때 다리의 수

$\Rightarrow$ $4 \times \boxed{} = \boxed{}$ (개)

3  잠자리가 6마리 있을 때 날개의 수

$\Rightarrow$ $4 \times \boxed{} = \boxed{}$ (개)

4  네잎클로버가 8개 있을 때 꽃잎의 수

$\Rightarrow$ $4 \times \boxed{} = \boxed{}$ (개)

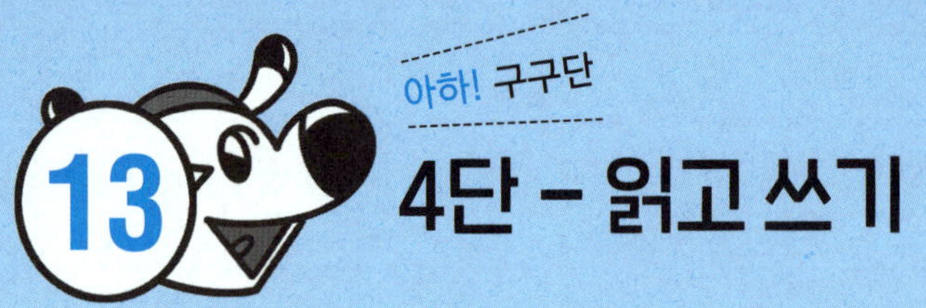

4단 – 읽고 쓰기

다음 4단을 바르게 읽고 쓰세요.

4단	읽기	쓰기
$4\times1=4$	사 일은 ☐	$4\times1=4$
$4\times2=8$	사 이 ☐	$4\times$
$4\times3=12$	사 삼 십이	
$4\times4=16$	사 사 ☐	
$4\times5=20$	사 오 ☐	
$4\times6=24$	사 육 ☐	
$4\times7=28$	사 칠 ☐	
$4\times8=32$	☐ 팔 삼십이	
$4\times9=36$	☐	

'$4\times3=12$'와 두 수의 곱이 같은 곱셈은 무엇일까요?

① 2×3 ② 3×4

② 류정

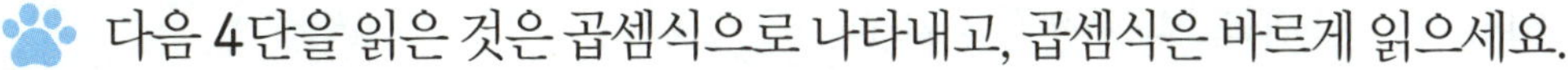

다음 4단을 읽은 것은 곱셈식으로 나타내고, 곱셈식은 바르게 읽으세요.

1. 사 오 이십 ➡ ☐4☐ × ☐ ☐ = ☐ ☐

2. 사 팔 삼십이 ➡

3. 사 구 삼십육 ➡

4. 사 일은 사 ➡

5. 사 삼 십이 ➡

6. 4 × 4 = 16 ➡ 사 사 ☐

7. 4 × 7 = 28 ➡ 사 칠 ☐

8. 4 × 6 = 24 ➡ 사 육 ☐

9. 4 × 2 = 8 ➡ 사 이 ☐

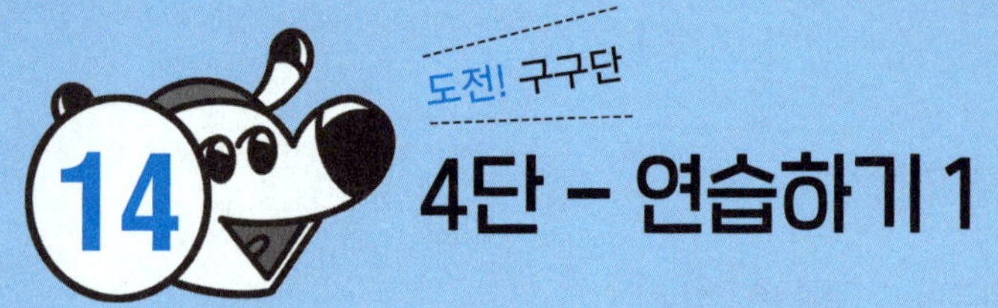

4단 – 연습하기 1

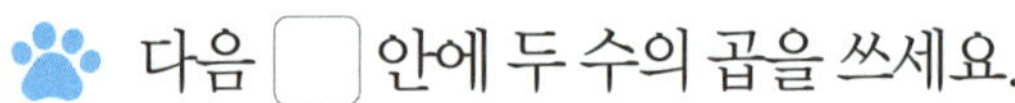

🐾 다음 ◻ 안에 두 수의 곱을 쓰세요.

① $4 \times 1 =$ ◻

② $4 \times 2 =$ ◻

③ $4 \times 3 =$ ◻

④ $4 \times 4 =$ ◻

⑤ $4 \times 5 =$ ◻

⑥ $4 \times 6 =$ ◻

⑦ $4 \times 7 =$ ◻

⑧ $4 \times 8 =$ ◻

⑨ $4 \times 9 =$ ◻

⑩ $4 \times 9 =$ ◻

⑪ $4 \times 8 =$ ◻

⑫ $4 \times 7 =$ ◻

⑬ $4 \times 6 =$ ◻

⑭ $4 \times 5 =$ ◻

⑮ $4 \times 4 =$ ◻

⑯ $4 \times 3 =$ ◻

⑰ $4 \times 2 =$ ◻

⑱ $4 \times 1 =$ ◻

🐾 다음 ☐ 안에 두 수의 곱을 쓰세요.

① $4 \times 5 =$ ☐

② $4 \times 1 =$ ☐

③ $4 \times 4 =$ ☐

④ $4 \times 8 =$ ☐

⑤ $4 \times 6 =$ ☐

⑥ $4 \times 7 =$ ☐

⑦ $4 \times 2 =$ ☐

⑧ $4 \times 3 =$ ☐

⑨ $4 \times 9 =$ ☐

⑩ $4 \times 4 =$ ☐

⑪ $4 \times 7 =$ ☐

⑫ $4 \times 6 =$ ☐

⑬ $4 \times 8 =$ ☐

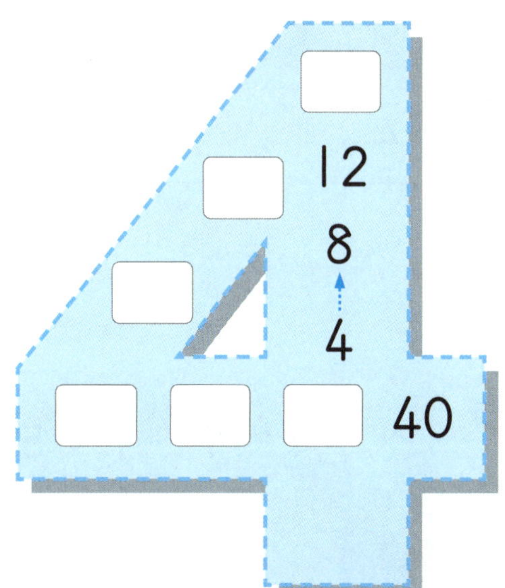

15 4단 – 연습하기 2

다음 10칸 곱셈표를 완성하세요.

1

×	1	2	3	4	5	6	7	8	9	10
4	4	8		16					36	40

2

×	10	9	8	7	6	5	4	3	2	1
4	40									

3

×	5	7	1	6	2	9	8	3	4	10
4										40

4

×	4	7	9	5	1	3	8	10	2	6
4								40		

관계있는 것끼리 선으로 이어 보세요.

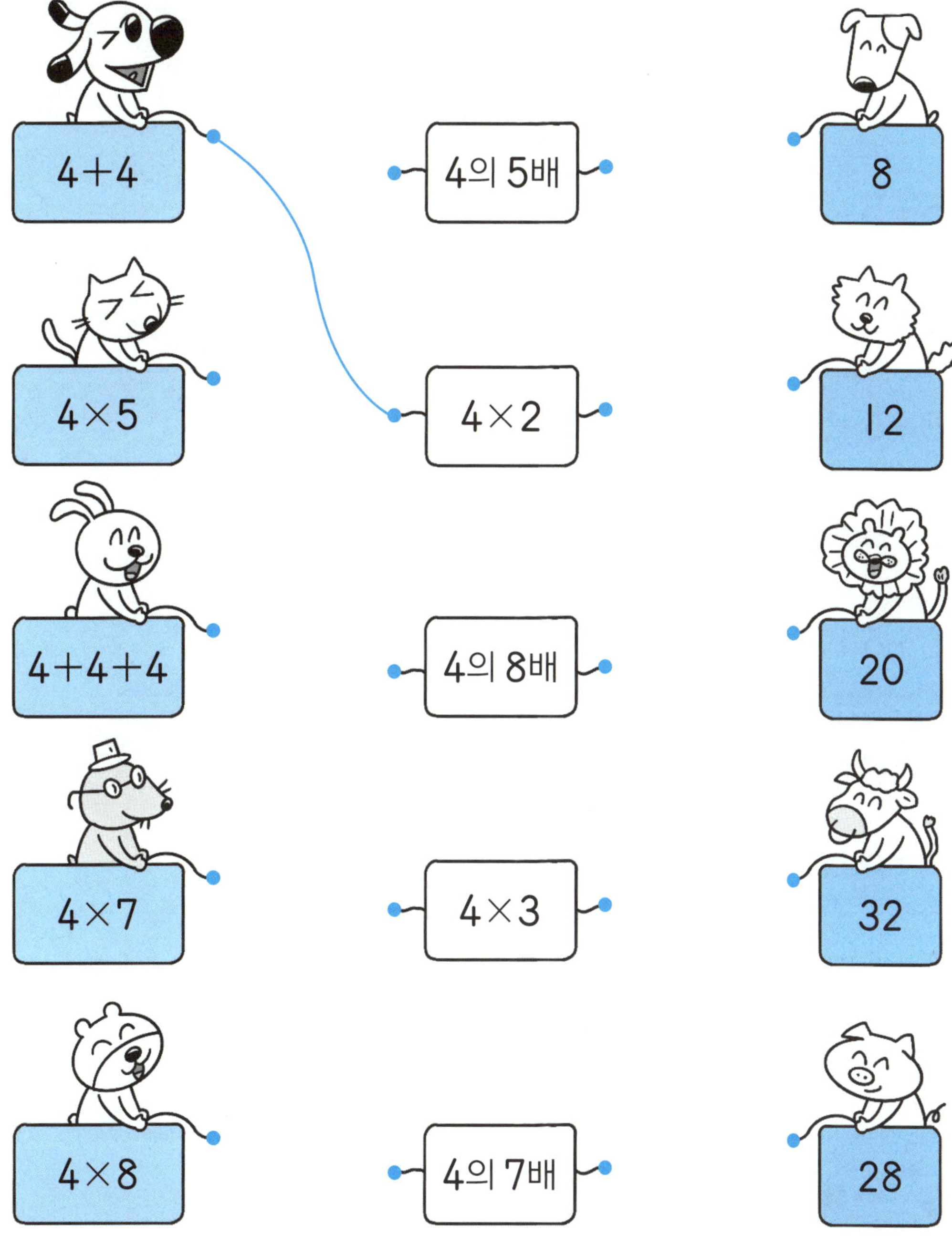
4+4
4의 5배
8
4×5
4×2
12
4+4+4
4의 8배
20
4×7
4×3
32
4×8
4의 7배
28

16

아하! 구구단

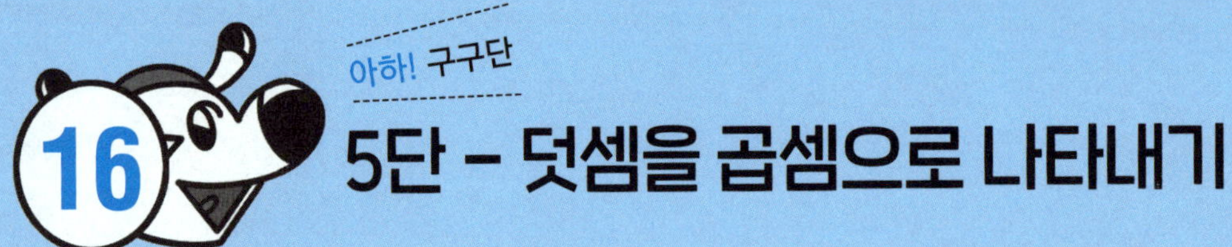

5단 - 덧셈을 곱셈으로 나타내기

다음 덧셈을 하고 곱셈식으로 나타내세요.

같은 수를 여러 번 더하기	곱셈식으로 나타내기
5	5 × 1 = 5
5+5= 10	5 × 2 = 10
5+5+5= □	5 × □ = □
5+5+5+5= □	5 × □ = □
5+5+5+5+5= □	5 × □ = □
5+5+5+5+5+5= □	5 × □ = □
5+5+5+5+5+5+5= □	5 × □ = □
5+5+5+5+5+5+5+5= □	□ × □ = □
5+5+5+5+5+5+5+5+5= □	□ × □ = □

+5 +5 +5 +5

곱하는 수가 1씩 커지면 곱은 5씩 커져요.

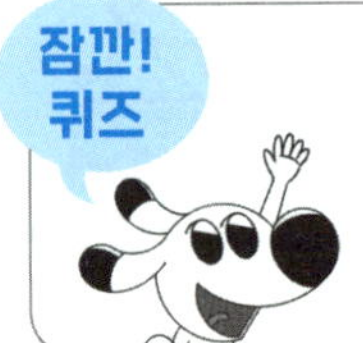

잠깐! 퀴즈

5장씩 묶어 있는 색종이가 4묶음 있습니다. 색종이는 모두 몇 장일까요?

① 20장 ② 40장

답 ①

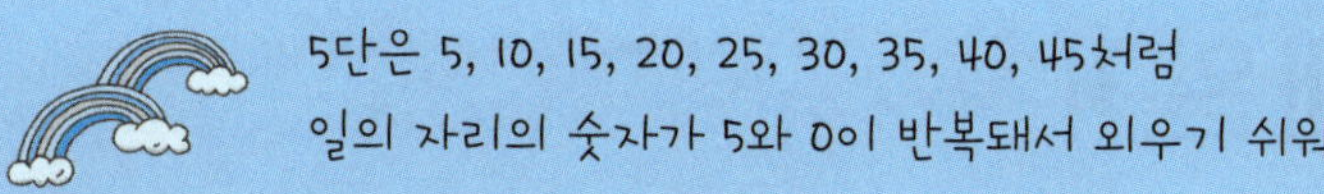

🐾 다음 덧셈은 곱셈식으로, 곱셈은 덧셈식으로 나타내세요.

①  ➡ $5 \times \boxed{} = \boxed{}$

② $5 \Rightarrow \boxed{} \times \boxed{} = \boxed{}$

③ $5+5+5+5+5+5 \Rightarrow$

④ $5+5+5+5+5+5+5 \Rightarrow$

⑤ $5+5+5+5+5+5+5+5 \Rightarrow$

⑥ $5 \times 3 \Rightarrow \boxed{} + \boxed{} + \boxed{} = \boxed{}$

⑦ $5 \times 5 \Rightarrow$

⑧ $5 \times 4 \Rightarrow$

⑨ $5 \times 9 \Rightarrow$

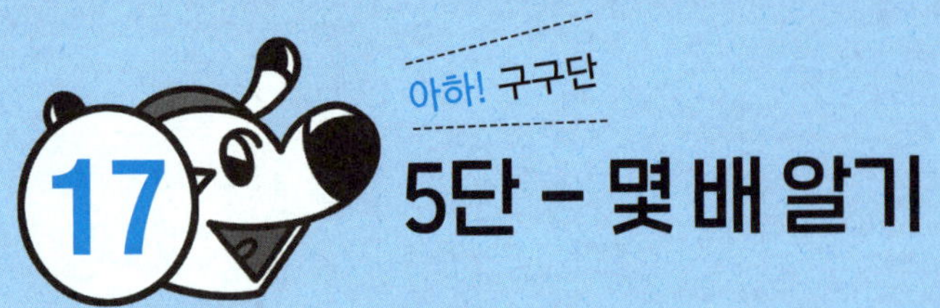

17 5단 – 몇 배 알기

🐾 다음 곱셈이 5의 몇 배인지 쓰고 계산하세요.

곱셈	몇 배	곱셈식
5×1	5의 [1] 배	5×1 = [5]
5×2	5의 [ ] 배	5×2 = [ ]
5×3	5의 [ ] 배	5×3 = [ ]
5×4	5의 [ ] 배	5×4 = [ ]
5×5	5의 [ ] 배	5×5 = [ ]
5×6	5의 [ ] 배	5×6 = [ ]
5×7	5의 [ ] 배	5×7 = [ ]
5×8	5의 [ ] 배	5×8 = [ ]
5×9	[ ]	5×9 = [ ]

잠깐! 퀴즈

'5×7'의 곱과 같은 것은 무엇일까요?

① 5+5+5+5+5　　　② 5의 7배

정답 ②

지후의 집은 5층입니다. 다음 그림을 보고 물음에 답하세요.

1 영지 집의 층수는 지후 집의 **2**배

➡ $5 \times \boxed{} = \boxed{}$ (층)

2 민규 집의 층수는 지후 집의 **3**배

➡ $5 \times \boxed{} = \boxed{}$ (층)

3 현우 집의 층수는 지후 집의 **5**배

➡ $5 \times \boxed{} = \boxed{}$ (층)

4 건물 맨 위층은 지후 집의 **9**배

➡ $5 \times \boxed{} = \boxed{}$ (층)

18 5단 – 읽고 쓰기

다음 5단을 바르게 읽고 쓰세요.

5단	읽기	쓰기
$5\times1=5$	오 일은 ☐	$5\times1=5$
$5\times2=10$	오 이 ☐	$5\times$
$5\times3=15$	오 삼 십오	
$5\times4=20$	오 사 ☐	
$5\times5=25$	오 오 ☐	
$5\times6=30$	오 육 ☐	
$5\times7=35$	오 칠 삼십오	
$5\times8=40$	☐ 팔 ☐	
$5\times9=45$	☐	

잠깐! 퀴즈

'오 육 삼십'을 곱셈식으로 바르게 나타낸 것은 무엇일까요?

① $5\times6=30$　　　② $6\times5=30$

정답 ①

다음 5단을 읽은 것은 곱셈식으로 나타내고, 곱셈식은 바르게 읽으세요.

1. 오 일은 오 ➡ $5 \times \boxed{} = \boxed{}$

2. 오 이 십 ➡

3. 오 사 이십 ➡

4. 오 칠 삼십오 ➡

5. 오 구 사십오 ➡

6. $5 \times 3 = 15$ ➡ 오 삼 ☐

7. $5 \times 5 = 25$ ➡ 오 오 ☐

8. $5 \times 6 = 30$ ➡ 오 육 ☐

9. $5 \times 8 = 40$ ➡ 오 팔 ☐

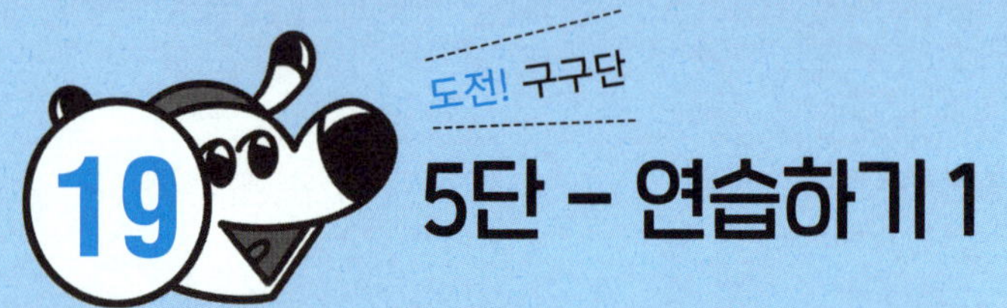

19 5단 – 연습하기 1

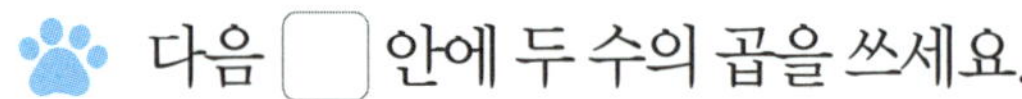

다음 ☐ 안에 두 수의 곱을 쓰세요.

① $5 \times 1 = $ ☐

② $5 \times 2 = $ ☐

③ $5 \times 3 = $ ☐

④ $5 \times 4 = $ ☐

⑤ $5 \times 5 = $ ☐

⑥ $5 \times 6 = $ ☐

⑦ $5 \times 7 = $ ☐

⑧ $5 \times 8 = $ ☐

⑨ $5 \times 9 = $ ☐

⑩ $5 \times 9 = $ ☐

⑪ $5 \times 8 = $ ☐

⑫ $5 \times 7 = $ ☐

⑬ $5 \times 6 = $ ☐

⑭ $5 \times 5 = $ ☐

⑮ $5 \times 4 = $ ☐

⑯ $5 \times 3 = $ ☐

⑰ $5 \times 2 = $ ☐

⑱ $5 \times 1 = $ ☐

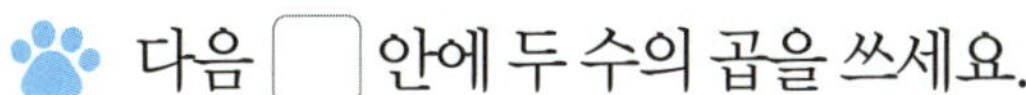

🐾 다음 ☐ 안에 두 수의 곱을 쓰세요.

1 $5 \times 5 =$ ☐

5×5은 5+5+5+5+5와 같아요.

2 $5 \times 7 =$ ☐

3 $5 \times 2 =$ ☐

4 $5 \times 1 =$ ☐

5 $5 \times 6 =$ ☐

6 $5 \times 8 =$ ☐

7 $5 \times 9 =$ ☐

8 $5 \times 3 =$ ☐

9 $5 \times 4 =$ ☐

10 $5 \times 6 =$ ☐

11 $5 \times 9 =$ ☐

12 $5 \times 8 =$ ☐

13 $5 \times 7 =$ ☐

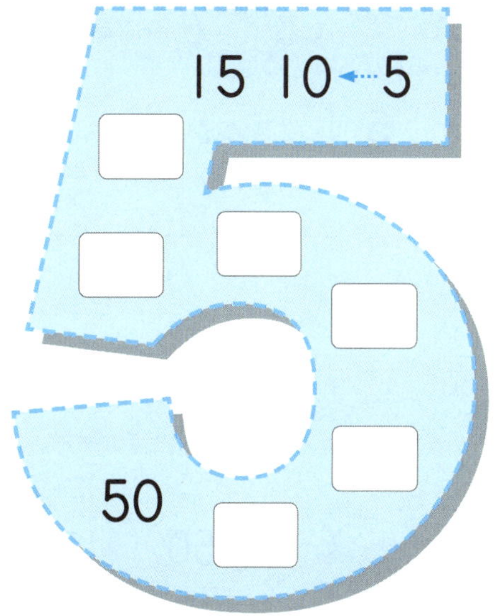

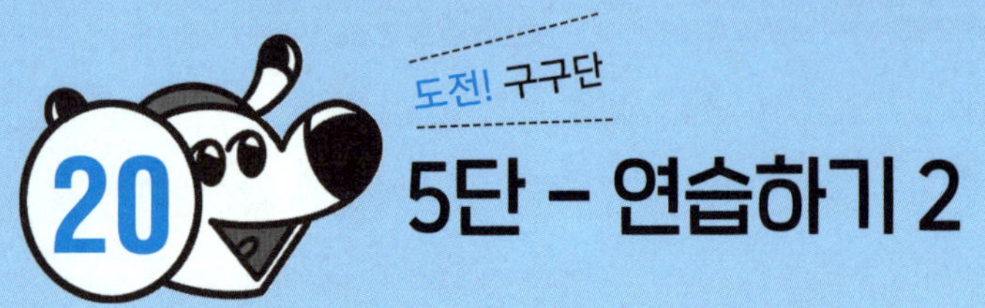

20 5단 – 연습하기 2

다음 10칸 곱셈표를 완성하세요.

1

×	1	2	3	4	5	6	7	8	9	10
5	5			20		30		40		50

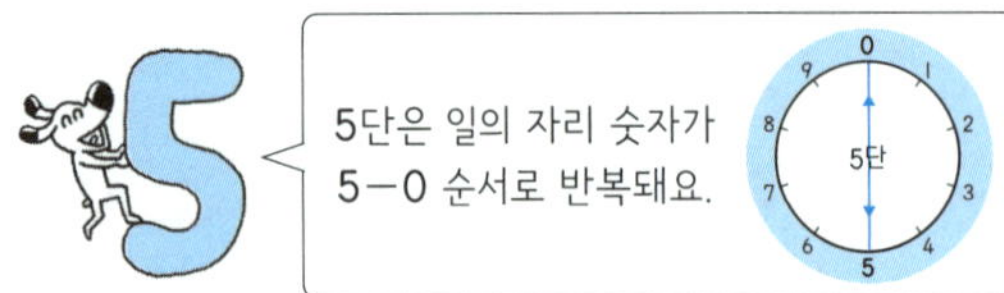

2

×	10	9	8	7	6	5	4	3	2	1
5	50									

3

×	8	6	4	2	9	7	5	3	1	10
5										50

4

×	1	10	2	9	3	7	4	6	5	8
5		50								

🐾 계산 결과에 알맞은 색으로 색칠해 보세요.

1. 5×6
2. 5의 3배
3. $5+5+5+5$
4. 5×3
5. 5의 9배
6. 5×4
7. 5의 4배
8. 5×9
9. 5씩 4묶음

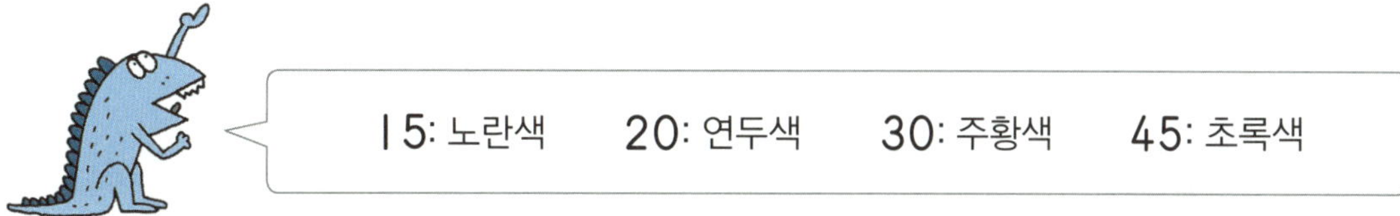

돌발, 섞어 구구단 1

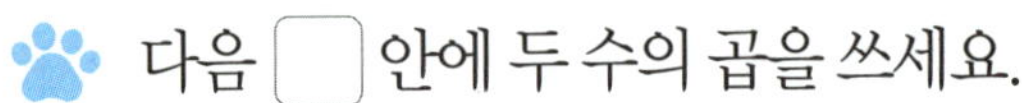

🐾 다음 ☐ 안에 두 수의 곱을 쓰세요.

① $2 \times 4 =$ ☐

② $2 \times 5 =$ ☐

③ $3 \times 4 =$ ☐

④ $3 \times 2 =$ ☐

⑤ $5 \times 4 =$ ☐

⑥ $4 \times 4 =$ ☐

⑦ $2 \times 3 =$ ☐

⑧ $2 \times 8 =$ ☐

⑨ $3 \times 5 =$ ☐

⑩ $2 \times 9 =$ ☐

⑪ $3 \times 7 =$ ☐

⑫ $4 \times 7 =$ ☐

⑬ $4 \times 6 =$ ☐

⑭ $4 \times 9 =$ ☐

⑮ $5 \times 6 =$ ☐

⑯ $5 \times 7 =$ ☐

⑰ $3 \times 8 =$ ☐

⑱ $5 \times 3 =$ ☐

다음 ☐ 안에 두 수의 곱을 쓰세요.

1. $2 \times 6 =$ ☐

2. $3 \times 3 =$ ☐

3. $3 \times 6 =$ ☐

4. $3 \times 5 =$ ☐

5. $5 \times 5 =$ ☐

6. $5 \times 9 =$ ☐

7. $2 \times 7 =$ ☐

8. $3 \times 9 =$ ☐

9. $4 \times 5 =$ ☐

10. $3 \times 8 =$ ☐

11. $4 \times 7 =$ ☐

12. $4 \times 8 =$ ☐

13. $5 \times 7 =$ ☐

14. $3 \times 9 =$ ☐

15. $4 \times 6 =$ ☐

☐ $\times$ ☐ $=$ ☐

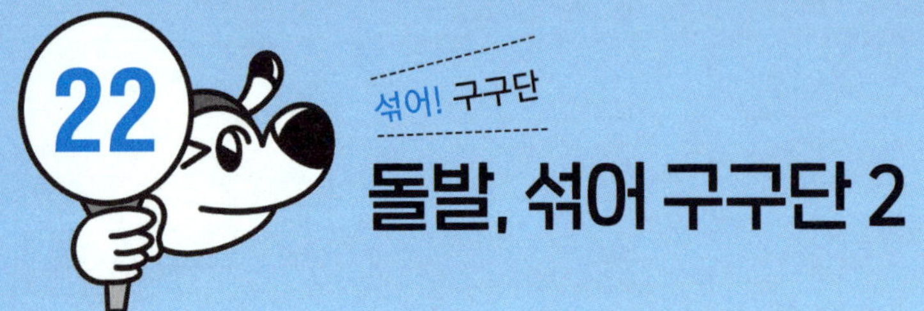

돌발, 섞어 구구단 2

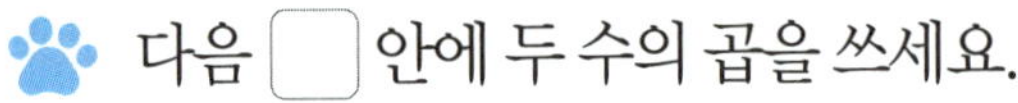

다음 ☐ 안에 두 수의 곱을 쓰세요.

① $3 \times 4 =$ ☐

② $3 \times 8 =$ ☐

③ $5 \times 6 =$ ☐

④ $4 \times 7 =$ ☐

⑤ $3 \times 5 =$ ☐

⑥ $5 \times 9 =$ ☐

⑦ $2 \times 8 =$ ☐

⑧ $2 \times 7 =$ ☐

⑨ $3 \times 6 =$ ☐

⑩ $4 \times 3 =$ ☐

⑪ $4 \times 4 =$ ☐

⑫ $4 \times 9 =$ ☐

⑬ $5 \times 2 =$ ☐

⑭ $3 \times 9 =$ ☐

⑮ $2 \times 6 =$ ☐

⑯ $4 \times 8 =$ ☐

⑰ $3 \times 7 =$ ☐

⑱ $5 \times 8 =$ ☐

1 $5 \times 5 =$ ☐

2 $4 \times 6 =$ ☐

3 $3 \times 3 =$ ☐

4 $2 \times 9 =$ ☐

5 $2 \times 7 =$ ☐

6 $4 \times 5 =$ ☐

7 $3 \times 5 =$ ☐

8 $4 \times 2 =$ ☐

9 $5 \times 6 =$ ☐

10 $3 \times 9 =$ ☐

11 $4 \times 9 =$ ☐

12 $5 \times 7 =$ ☐

13 $4 \times 8 =$ ☐

14 $2 \times 8 =$ ☐

15 $4 \times 7 =$ ☐

☐ $\times$ ☐ $=$ ☐

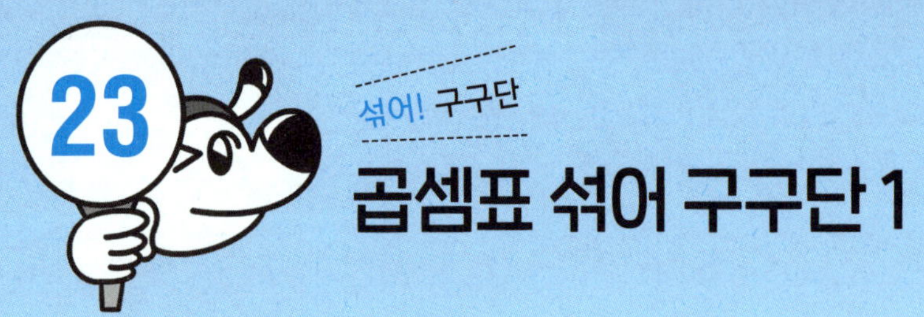

23

곱셈표 섞어 구구단 1

섞어! 구구단

🐾 다음 2~5단의 곱셈표를 완성하세요.

2단		3단		4단		5단	
1	2	1	3	1	4	1	5
2		2		2		2	
3		3		3		3	
4		4		4		4	
5		5		5		5	
6		6		6		6	
7		7		7		7	
8		8		8		8	
9		9		9		9	

🐾 다음 2~5단의 거꾸로 된 곱셈표를 완성하세요.

2단	
9	
8	
7	
6	
5	
4	
3	
2	
1	

3단	
9	
8	
7	
6	
5	
4	
3	
2	
1	

4단	
9	
8	
7	
6	
5	
4	
3	
2	
1	

5단	
9	
8	
7	
6	
5	
4	
3	
2	
1	

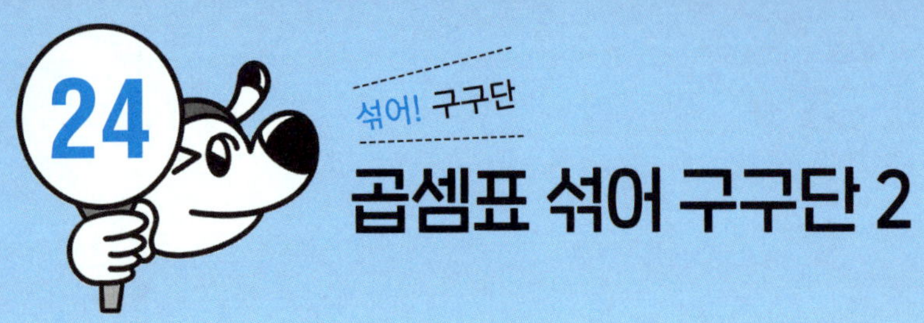

곱셈표 섞어 구구단 2

다음 ♥가 그려진 칸에 두 수의 곱을 쓰고, 올바른 수의 규칙에 ○표 하세요.

×	1	2	3	4	5	6	7	8	9
2	♥	♥	♥	♥	♥	♥	♥	♥	♥
3		♥		♥		♥		♥	
4	♥	♥	♥	♥	♥	♥	♥	♥	♥
5		♥		♥		♥		♥	

♥가 그려진 칸에 적힌 수는 모두 (홀수 , 짝수)예요.

🐾 다음 곱셈표를 완성하세요.

1

×	5	2	1	8	4	7	9	3	6
2									

2

×	1	9	7	5	2	3	6	8	4
3									

3

×	4	5	3	9	7	1	2	6	8
4									

4

×	3	5	7	9	1	2	4	6	8
5									

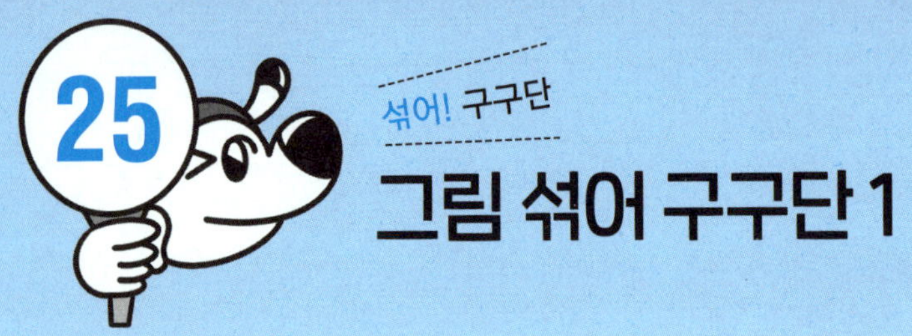

그림 섞어 구구단 1

🐾 다음 2단 곱셈표에 두 수의 곱을 쓰세요.

×	1	2	3	4	5	6	7	8	9	10
2	2	4								20

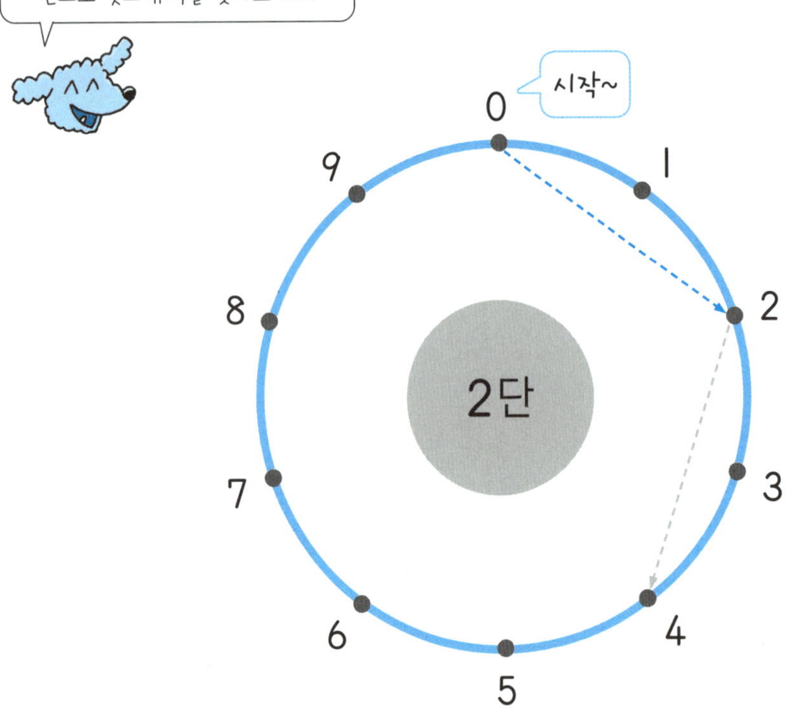

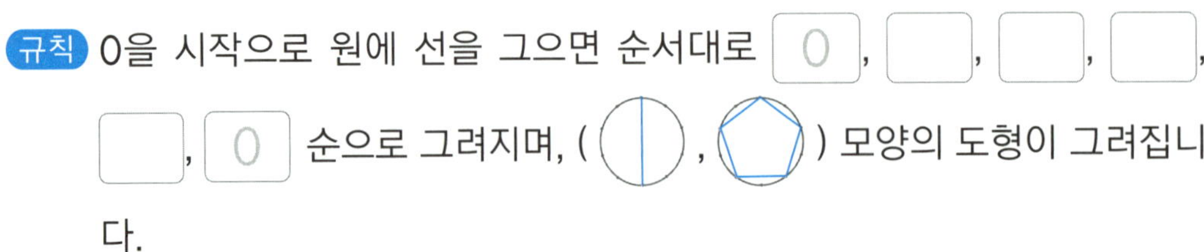

규칙 0을 시작으로 원에 선을 그으면 순서대로 [0], [　], [　], [　], [　], [0] 순으로 그려지며, (,) 모양의 도형이 그려집니다.

다음 3단 곱셈표에 두 수의 곱을 쓰세요.

×	I	2	3	4	5	6	7	8	9	10
3	3									30

규칙 0을 시작으로 원에 선을 그으면 (◯ , ◯) 모양의 도형이 그려집
니다.

176쪽 '특별 부록1'의 구구단 도형 그리기 놀이도 해 보세요~

그림 섞어 구구단 2

다음 4단 곱셈표에 두 수의 곱을 쓰세요.

×	1	2	3	4	5	6	7	8	9	10
4	4									40

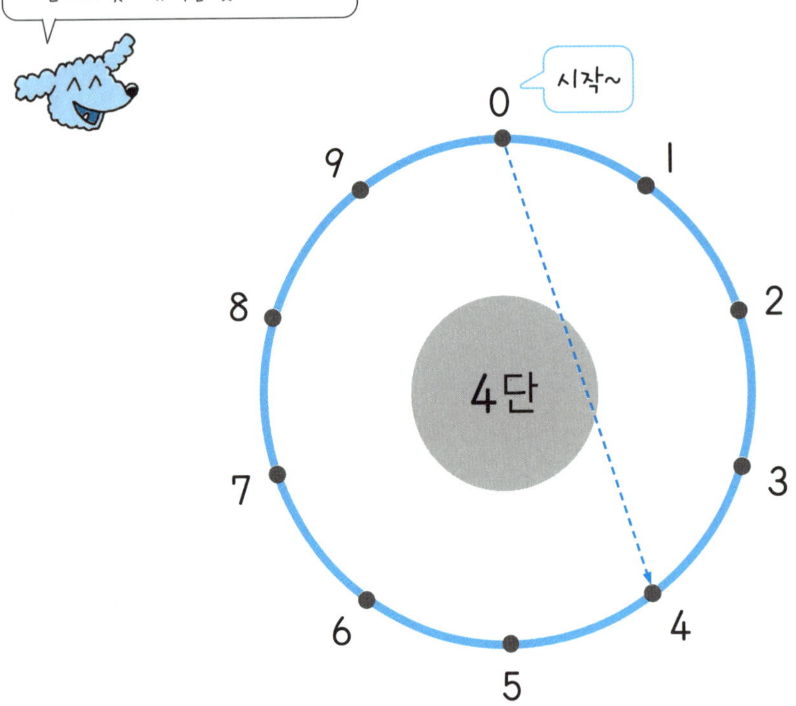

규칙 0을 시작으로 원에 선을 그으면 순서대로 [0] , [ ] , [ ] , [ ] ,

[ ] , [0] 순으로 그려지며, (⬠별 , ⬠오각형) 모양의 도형이 그려집니다.

×	l	2	3	4	5	6	7	8	9	10
5	5									50

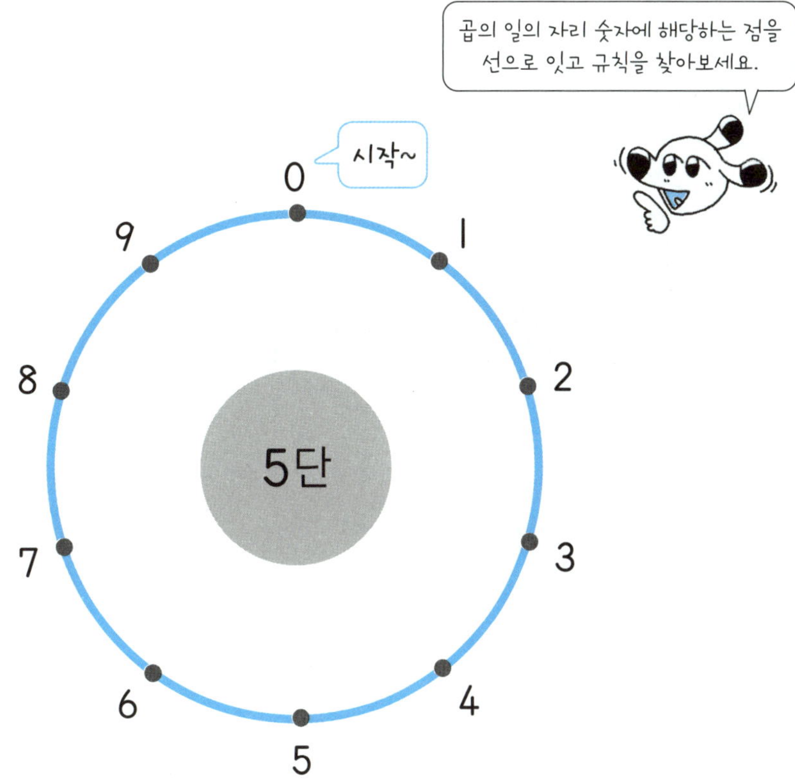

규칙 0을 시작으로 원에 선을 그으면 순서대로 [0] , [ ] 사이를 반복적으로 왔다 갔다하며, (⬠ , ◐) 모양의 도형이 그려집니다.

176쪽 '특별 부록1'의 구구단 도형 그리기 놀이도 해 보세요~

10단까지 익히기

공부 시작!
오늘 공부한
단계를 색칠해
보세요!
27
28
29
30
31
32
33
34
35
36
37
38
39
6단 익히기
7단 익히기
8단 익히기

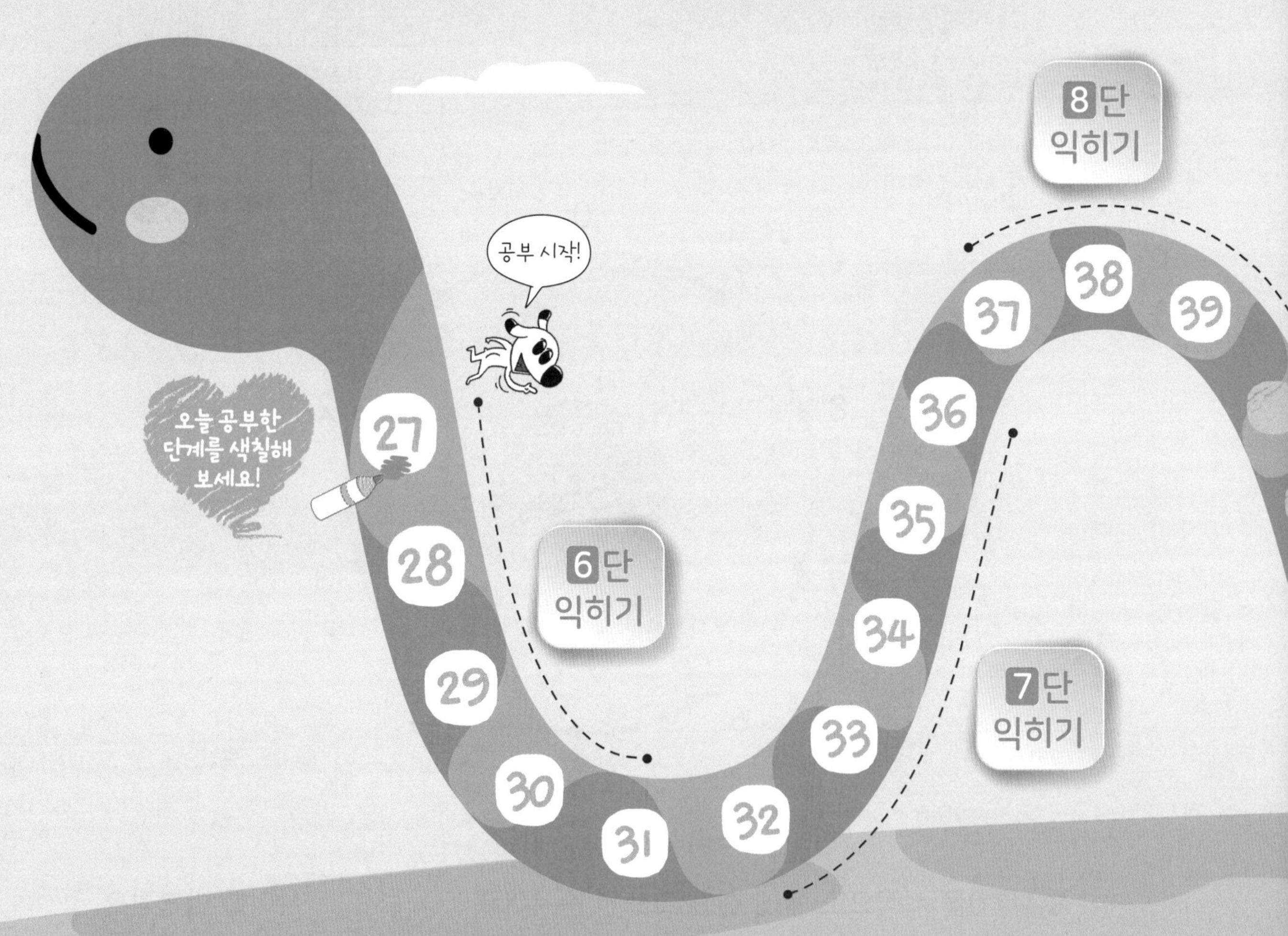

나의 공부 계획

공부한 날짜

6단 익히기	시작:	월	일
	끝:	월	일
7단 익히기	시작:	월	일
	끝:	월	일
8단 익히기	시작:	월	일
	끝:	월	일
9단 익히기	시작:	월	일
	끝:	월	일
1단, 10단, 0단 익히기	시작:	월	일
	끝:	월	일
돌발, 섞어 구구단	끝:	월	일
	끝:	월	일
곱셈표 섞어 구구단	시작:	월	일
	끝:	월	일
그림 섞어 구구단	시작:	월	일
	끝:	월	일

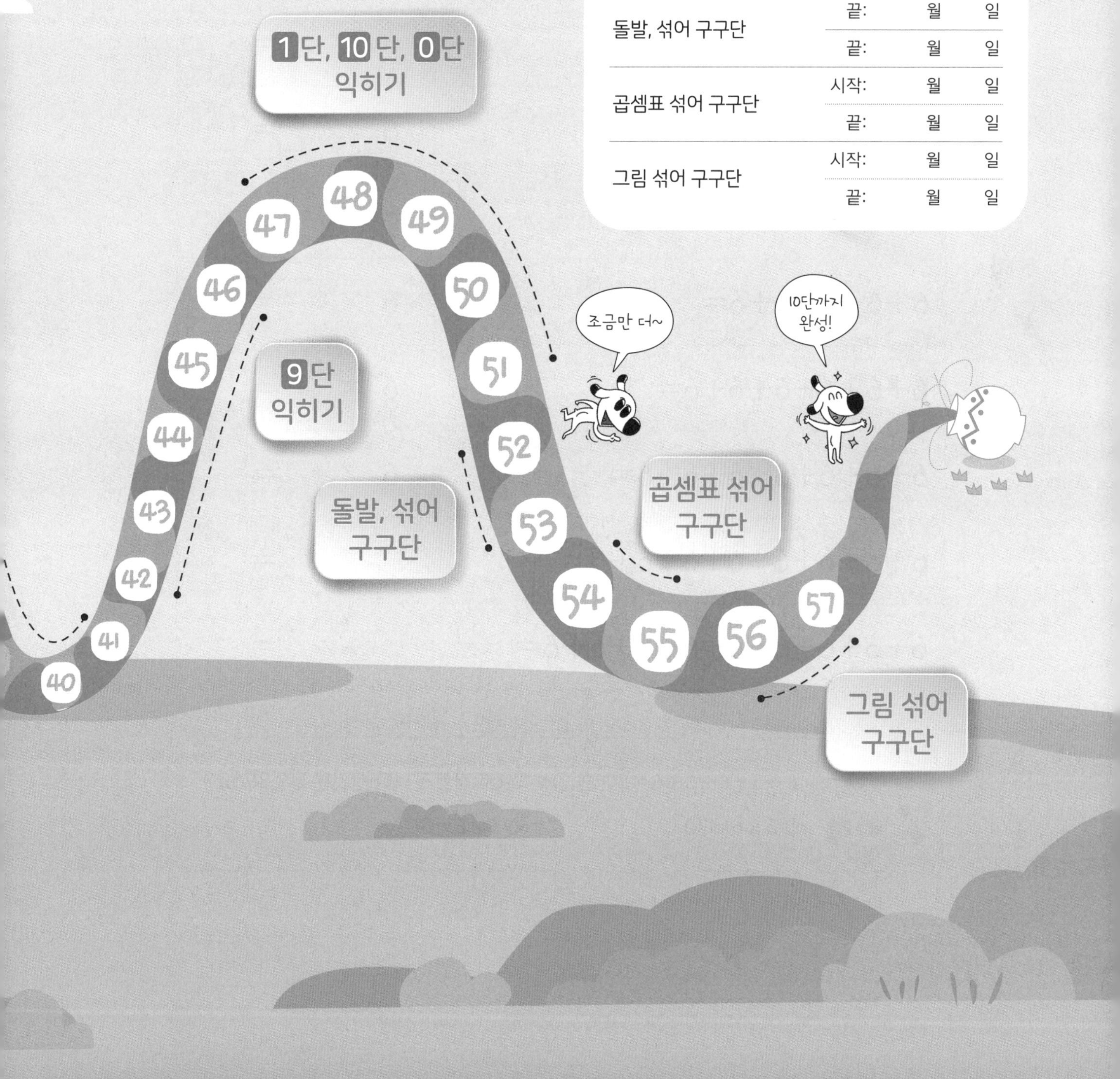
1단, 10단, 0단 익히기
9단 익히기
돌발, 섞어 구구단
곱셈표 섞어 구구단
그림 섞어 구구단
40
41
42
43
44
45
46
47
48
49
50
51
52
53
54
55
56
57
조금만 더~
10단까지 완성!

27 6단 - 덧셈을 곱셈으로 나타내기

🐾 다음 덧셈을 곱셈식으로 나타내세요.

같은 수를 여러 번 더하기	곱셈식으로 나타내기
6	$6 \times 1 = 6$
$6+6=\boxed{12}$	$6 \times \boxed{2} = \boxed{12}$
$6+6+6=\boxed{}$	$6 \times \boxed{} = \boxed{}$
$6+6+6+6=\boxed{}$	$6 \times \boxed{} = \boxed{}$
$6+6+6+6+6=\boxed{}$	$6 \times \boxed{} = \boxed{}$
$6+6+6+6+6+6=\boxed{}$	$6 \times \boxed{} = \boxed{}$
$6+6+6+6+6+6+6=\boxed{}$	$6 \times \boxed{} = \boxed{}$
$6+6+6+6+6+6+6+6=\boxed{}$	$\boxed{} \times \boxed{} = \boxed{}$
$6+6+6+6+6+6+6+6+6=\boxed{}$	$\boxed{} \times \boxed{} = \boxed{}$

잠깐! 퀴즈 

'6+6+6+6+6=30'을 곱셈식으로 바르게 나타낸 것은 무엇일까요?

① 5×6=30   ② 6×5=30

정답 ②

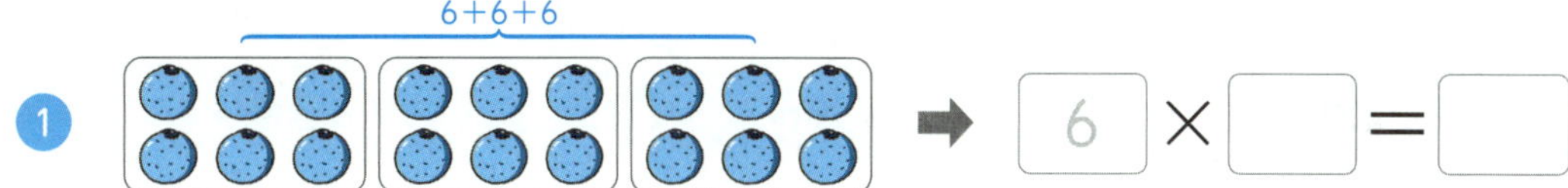

다음 덧셈은 곱셈식으로, 곱셈은 덧셈식으로 나타내세요.

1 6+6+6 ➡ 6 × ☐ = ☐

2 6＋6＋6＋6 ➡

3 6 ➡ ☐ × ☐ = ☐

4 6＋6＋6＋6＋6＋6＋6 ➡

5 6＋6＋6＋6＋6＋6＋6＋6 ➡

6 6×2 ➡ ☐ + ☐ = ☐

7 6×9 ➡

8 6×5 ➡

9 6×6 ➡

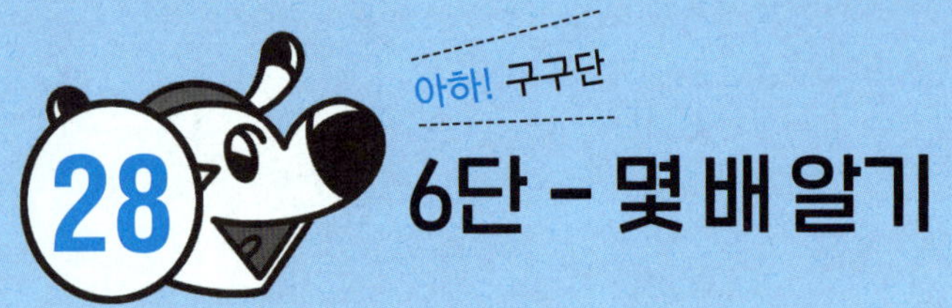

28 6단 - 몇 배 알기

다음 곱셈이 6의 몇 배인지 쓰고 계산하세요.

곱셈	몇 배	곱셈식
6×1	6의 1 배	6×1= 6
6×2	6의 ☐ 배	6×2=☐
6×3	6의 ☐ 배	6×3=☐
6×4	6의 ☐ 배	6×4=☐
6×5	6의 ☐ 배	6×5=☐
6×6	6의 ☐ 배	6×6=☐
6×7	6의 ☐ 배	6×7=☐
6×8	☐의 ☐ 배	6×8=☐
6×9	☐의 ☐ 배	6×9=☐

잠깐! 퀴즈

'6×5'와 계산 결과가 같은 것은 무엇일까요?

① 6의 5배   ② 5+5+5+5

① 吕圣

다음 동물의 위치를 보고 6의 몇 배인지 쓴 다음, 곱셈식으로 나타내세요.

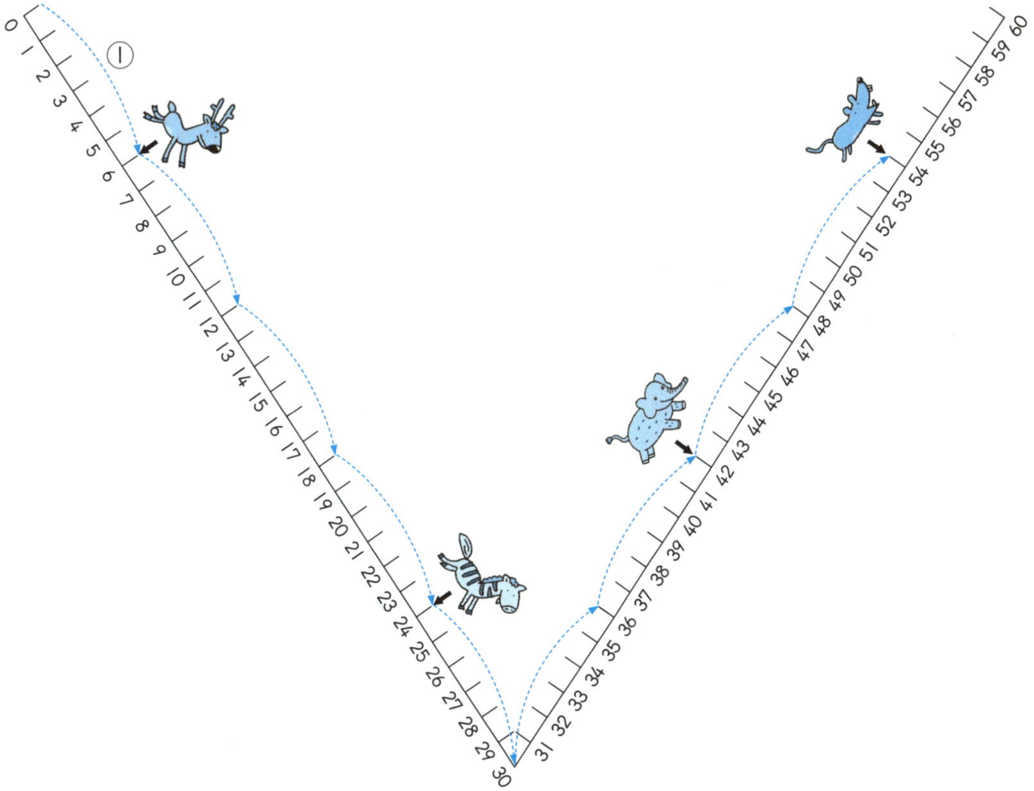

1 6의 ⟨1⟩ 배 ⟶ 6×⟨ ⟩=⟨ ⟩

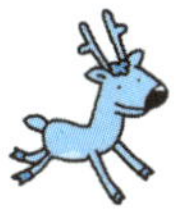

2 6의 ⟨ ⟩ 배 ⟶ 6×⟨ ⟩=⟨ ⟩

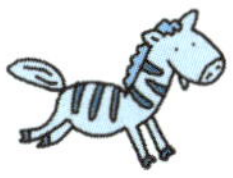

3 6의 ⟨ ⟩ 배 ⟶ 6×⟨ ⟩=⟨ ⟩

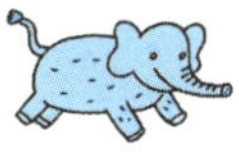

4 6의 ⟨ ⟩ 배 ⟶ 6×⟨ ⟩=⟨ ⟩

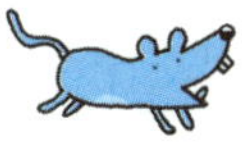

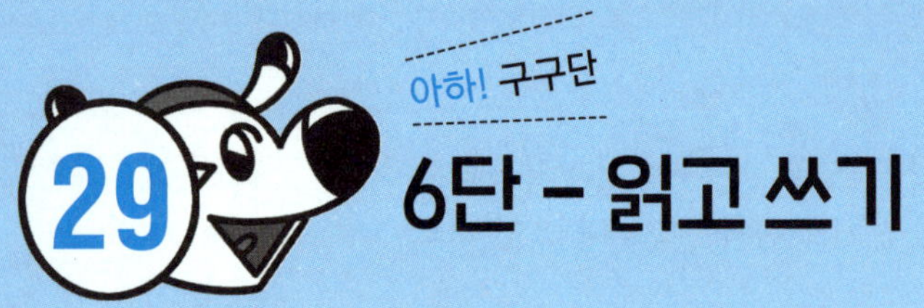

29 6단 - 읽고 쓰기

🐾 다음 6단을 바르게 읽고 쓰세요.

6단	읽기	쓰기
$6 \times 1 = 6$	육 일은 ☐	$6 \times 1 = 6$
$6 \times 2 = 12$	육 이 십이	$6 \times$
$6 \times 3 = 18$	육 삼 ☐	
$6 \times 4 = 24$	육 사 ☐	
$6 \times 5 = 30$	육 오 삼십	
$6 \times 6 = 36$	육 육 ☐	
$6 \times 7 = 42$	육 칠 ☐	
$6 \times 8 = 48$	☐ 팔 ☐	
$6 \times 9 = 54$	☐	

'육 팔 사십팔'을 바르게 나타낸 것은 무엇일까요?

① $6 \times 8 = 48$ ② $8 \times 6 = 48$

정답 ①

다음 6단을 읽은 것은 곱셈식으로 나타내고, 곱셈식은 바르게 읽으세요.

1. 육 일은 육 ➡ $6 \times \boxed{} = \boxed{}$

2. 육 삼 십팔 ➡

3. 육 사 이십사 ➡

4. 육 팔 사십팔 ➡

5. 육 칠 사십이 ➡

6. $6 \times 2 = 12$ ➡ 육 이 $\boxed{}$

7. $6 \times 5 = 30$ ➡ 육 오 $\boxed{}$

8. $6 \times 6 = 36$ ➡ 육 육 $\boxed{}$

9. $6 \times 9 = 54$ ➡ 육 구 $\boxed{}$

30 6단 - 연습하기 1

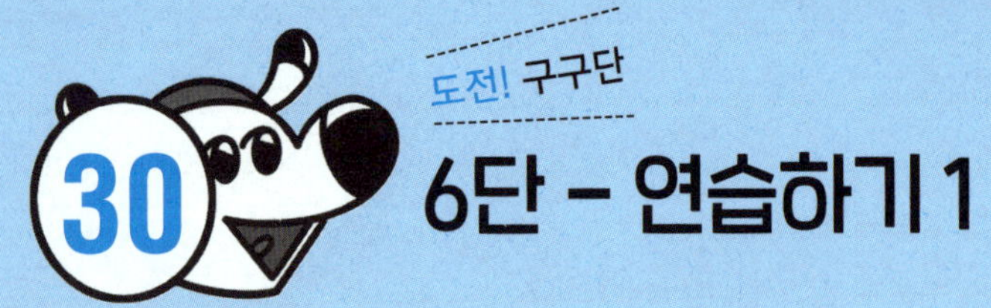

🐾 다음 ☐ 안에 두 수의 곱을 쓰세요.

1 $6 \times 1 =$ ☐

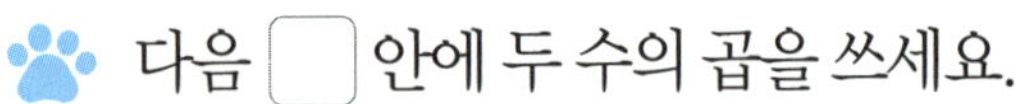

2 $6 \times 2 =$ ☐

3 $6 \times 3 =$ ☐

4 $6 \times 4 =$ ☐

5 $6 \times 5 =$ ☐

6 $6 \times 6 =$ ☐

7 $6 \times 7 =$ ☐

8 $6 \times 8 =$ ☐

9 $6 \times 9 =$ ☐

10 $6 \times 9 =$ ☐

11 $6 \times 8 =$ ☐

12 $6 \times 7 =$ ☐

13 $6 \times 6 =$ ☐

14 $6 \times 5 =$ ☐

15 $6 \times 4 =$ ☐

16 $6 \times 3 =$ ☐

17 $6 \times 2 =$ ☐

18 $6 \times 1 =$ ☐

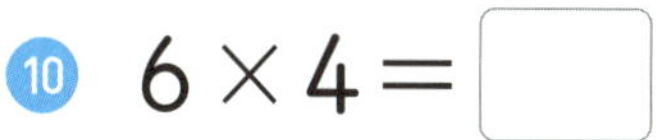

🐾 다음 ☐ 안에 두 수의 곱을 쓰세요.

1 $6 \times 2 =$ ☐

6×2은 6+6과 같아요.

2 $6 \times 1 =$ ☐

3 $6 \times 4 =$ ☐

4 $6 \times 9 =$ ☐

5 $6 \times 5 =$ ☐

6 $6 \times 3 =$ ☐

7 $6 \times 8 =$ ☐

8 $6 \times 7 =$ ☐

9 $6 \times 6 =$ ☐

10 $6 \times 4 =$ ☐

11 $6 \times 7 =$ ☐

12 $6 \times 9 =$ ☐

13 $6 \times 8 =$ ☐

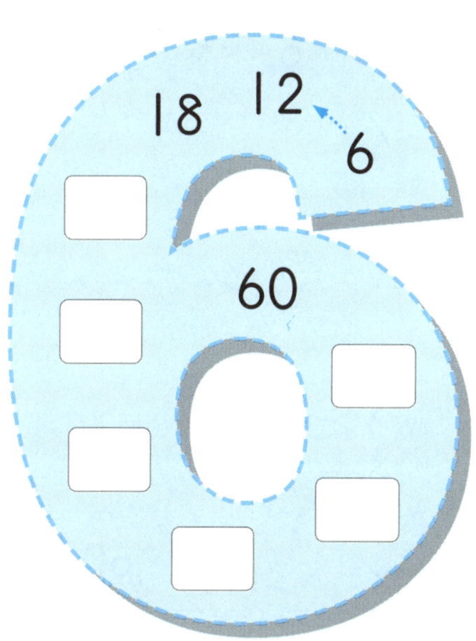

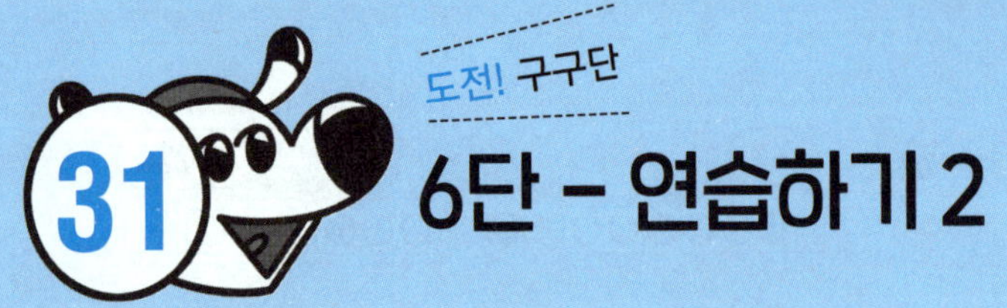

🐾 다음 10칸 곱셈표를 완성하세요.

1

×	1	2	3	4	5	6	7	8	9	10
6	6				30					60

2

×	10	9	8	7	6	5	4	3	2	1
6	60									

3

×	6	5	2	8	4	1	3	9	7	10
6										60

4

×	3	5	10	1	2	8	9	7	6	4
6			60							

올바른 답이 적힌 길을 따라가면 보물을 찾을 수 있어요. 빠독이가 가야 할
길을 선으로 이어 보세요.

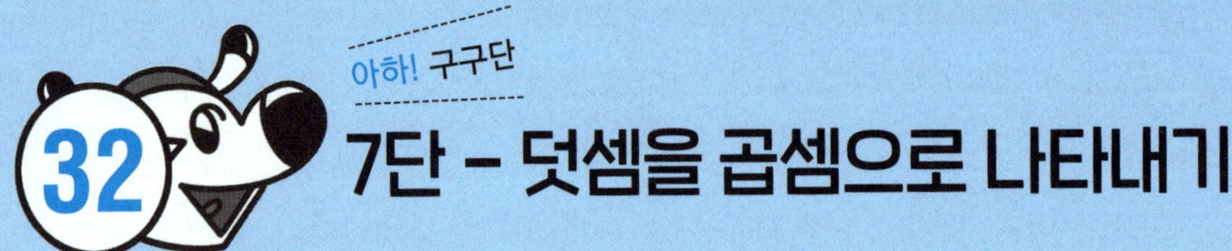

32 7단 – 덧셈을 곱셈으로 나타내기

🐾 다음 덧셈을 곱셈식으로 나타내세요.

같은 수를 여러 번 더하기	곱셈식으로 나타내기
7	$7 \times 1 = 7$
$7+7=$ 14	$7 \times$ 2 $=$ 14
$7+7+7=\square$	$7 \times \square = \square$
$7+7+7+7=\square$	$7 \times \square = \square$
$7+7+7+7+7=\square$	$7 \times \square = \square$
$7+7+7+7+7+7=\square$	$7 \times \square = \square$
$7+7+7+7+7+7+7=\square$	$7 \times \square = \square$
$7+7+7+7+7+7+7+7=\square$	$\square \times \square = \square$
$7+7+7+7+7+7+7+7+7=\square$	$\square \times \square = \square$

곱하는 수가 1씩 커지면 곱은 7씩 커져요.

+7
+7
+7
+7

잠깐! 퀴즈

'7×6'을 덧셈으로 바르게 나타낸 것은 무엇일까요?

① $6+6+6+6+6+6$ 　　② $7+7+7+7+7+7$

정답 ②

다음 덧셈은 곱셈식으로, 곱셈은 덧셈식으로 나타내세요.

1 7+7+7+7 ➡ $7 \times \boxed{} = \boxed{}$

2 $7+7+7$ ➡

3 $7+7+7+7+7$ ➡

4 $7+7+7+7+7+7+7+7+7$ ➡

5 7 ➡ $\boxed{} \times \boxed{} = \boxed{}$

6 7×2 ➡ $\boxed{} + \boxed{} = \boxed{}$

7 7×6 ➡

8 7×7 ➡

9 7×8 ➡

33 7단 – 몇 배 알기

🐾 다음 곱셈이 7의 몇 배인지 쓰고 계산하세요.

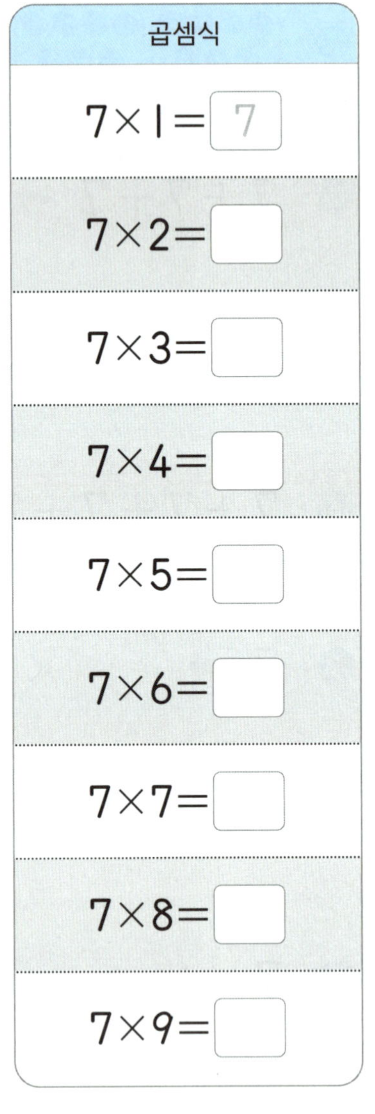

곱셈	몇 배	곱셈식
7×1	7의 1 배	7×1= 7
7×2	7의 □ 배	7×2=□
7×3	7의 □ 배	7×3=□
7×4	7의 □ 배	7×4=□
7×5	7의 □ 배	7×5=□
7×6	7의 □ 배	7×6=□
7×7	7의 □ 배	7×7=□
7×8	□의 □ 배	7×8=□
7×9	□의 □ 배	7×9=□

'7의 4배'는 얼마일까요?

① 28　　　　② 32

정답 ①

🐾 다음 그림은 7의 몇 배인지 쓰고 곱셈식으로 나타내세요.

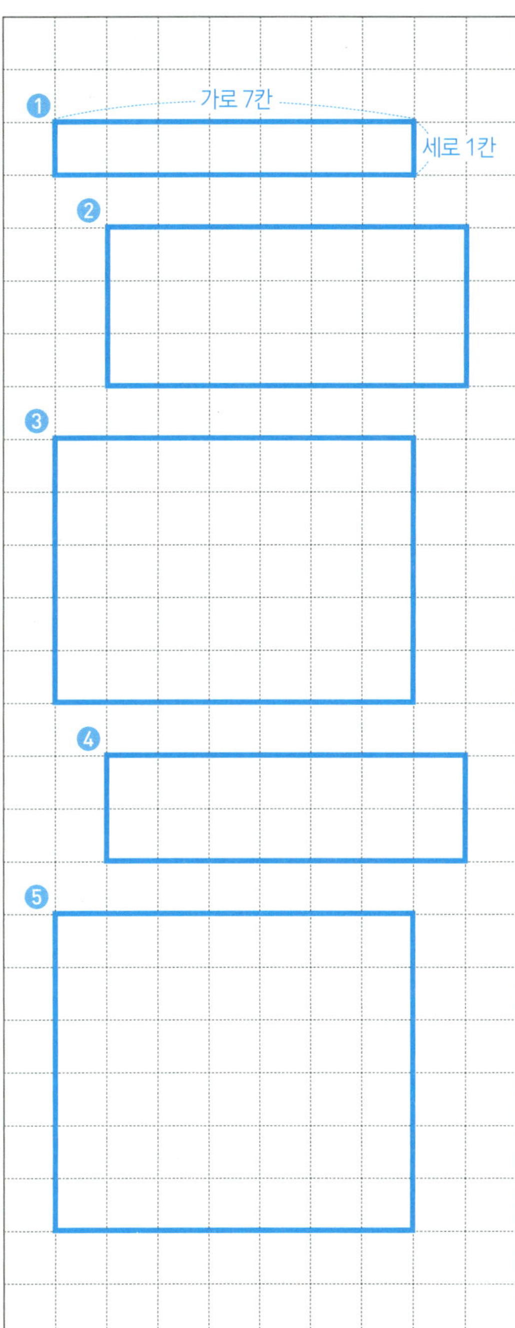

1 7의 ⬚ 배

➡ 7× ⬚ = ⬚

2 7의 ⬚ 배

➡ 7× ⬚ = ⬚

3 7의 ⬚ 배

➡ 7× ⬚ = ⬚

4 7의 ⬚ 배

➡ 7× ⬚ = ⬚

5 7의 ⬚ 배

➡ 7× ⬚ = ⬚

🐼 176쪽 '특별 부록2'의 땅따먹기 놀이도 해 보세요~

34 7단 – 읽고 쓰기

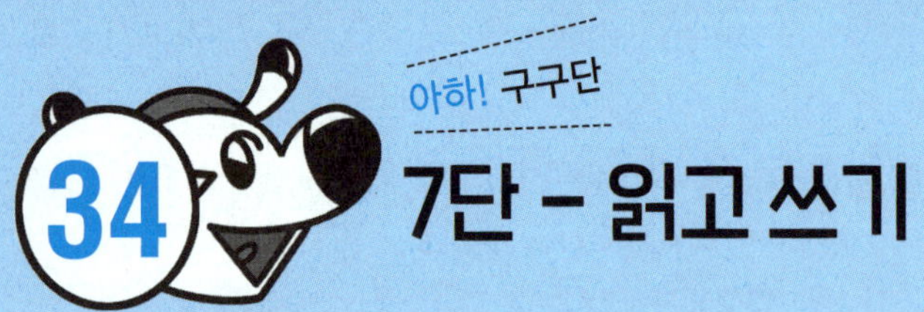

🐾 다음 7단을 바르게 읽고 쓰세요.

7단	읽기	쓰기
$7 \times 1 = 7$	칠 일은 칠	$7 \times 1 = 7$
$7 \times 2 = 14$	칠 이 ☐	$7 \times$
$7 \times 3 = 21$	칠 삼 ☐	
$7 \times 4 = 28$	칠 사 이십팔	
$7 \times 5 = 35$	칠 오 ☐	
$7 \times 6 = 42$	칠 육 ☐	
$7 \times 7 = 49$	칠 칠 사십구	
$7 \times 8 = 56$	☐ 팔 ☐	
$7 \times 9 = 63$	☐	

잠깐! 퀴즈

'$7 \times 7 = 49$'를 바르게 읽은 것은 무엇일까요?

① 칠 칠 사십구   ② 칠 둘 사십구

① 답정

다음 7단을 읽은 것은 곱셈식으로 나타내고, 곱셈식은 바르게 읽으세요.

1 칠 오 삼십오 ➡ $\boxed{7} \times \boxed{} = \boxed{}$

2 칠 일은 칠 ➡

3 칠 구 육십삼 ➡

4 칠 육 사십이 ➡

5 칠 사 이십팔 ➡

6 $7 \times 2 = 14$ ➡ 칠 이 $\boxed{}$

7 $7 \times 3 = 21$ ➡ 칠 삼 $\boxed{}$

8 $7 \times 7 = 49$ ➡ 칠 칠 $\boxed{}$

9 $7 \times 8 = 56$ ➡ 칠 팔 $\boxed{}$

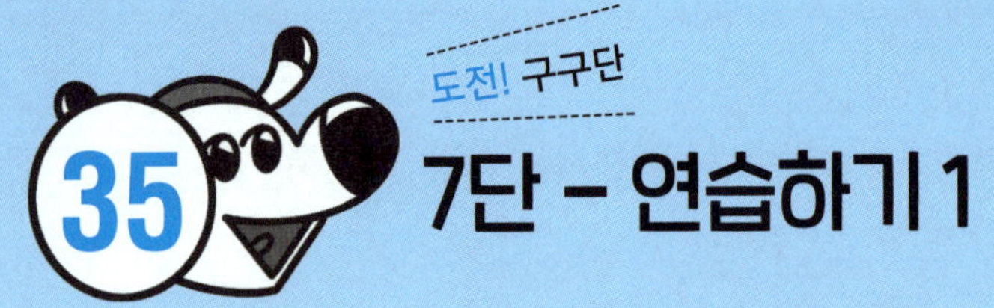

35 7단 – 연습하기 1

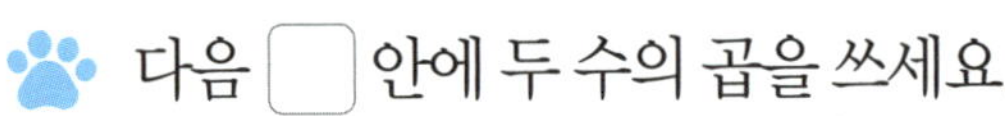

🐾 다음 ⬜ 안에 두 수의 곱을 쓰세요.

① $7 \times 1 =$ ⬜

② $7 \times 2 =$ ⬜

③ $7 \times 3 =$ ⬜

④ $7 \times 4 =$ ⬜

⑤ $7 \times 5 =$ ⬜

⑥ $7 \times 6 =$ ⬜

⑦ $7 \times 7 =$ ⬜

⑧ $7 \times 8 =$ ⬜

⑨ $7 \times 9 =$ ⬜

⑩ $7 \times 9 =$ ⬜

⑪ $7 \times 8 =$ ⬜

⑫ $7 \times 7 =$ ⬜

⑬ $7 \times 6 =$ ⬜

⑭ $7 \times 5 =$ ⬜

⑮ $7 \times 4 =$ ⬜

⑯ $7 \times 3 =$ ⬜

⑰ $7 \times 2 =$ ⬜

⑱ $7 \times 1 =$ ⬜

다음 ☐ 안에 두 수의 곱을 쓰세요.

1 $7 \times 1 = $ ☐

2 $7 \times 3 = $ ☐

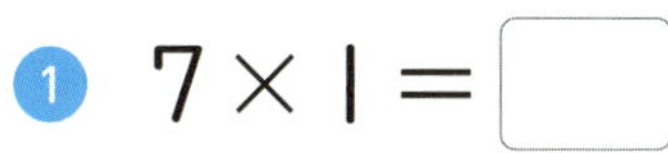

3 $7 \times 5 = $ ☐

4 $7 \times 7 = $ ☐

5 $7 \times 2 = $ ☐

6 $7 \times 9 = $ ☐

7 $7 \times 6 = $ ☐

8 $7 \times 4 = $ ☐

9 $7 \times 8 = $ ☐

10 $7 \times 8 = $ ☐

11 $7 \times 4 = $ ☐

12 $7 \times 6 = $ ☐

13 $7 \times 9 = $ ☐

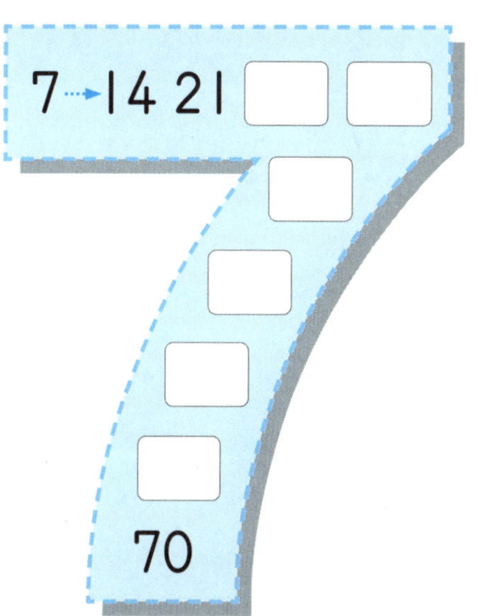

36 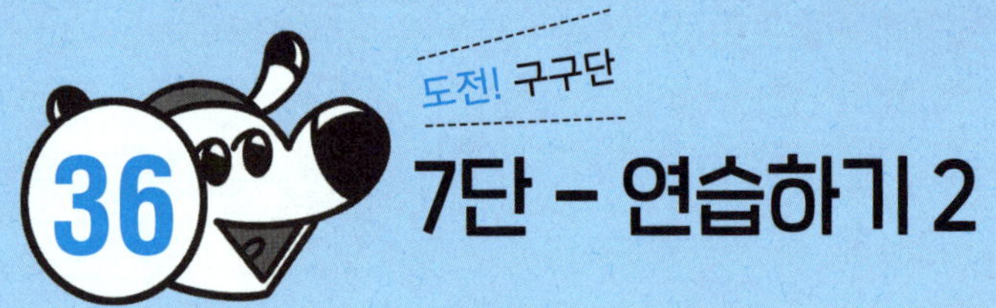 7단 – 연습하기 2

🐾 다음 10칸 곱셈표를 완성하세요.

1

×	1	2	3	4	5	6	7	8	9	10
7	7		21				49			70

2

×	10	9	8	7	6	5	4	3	2	1
7	70									

3

×	2	6	8	5	3	9	4	1	7	10
7										70

4

×	6	5	2	10	1	3	9	8	4	7
7				70						

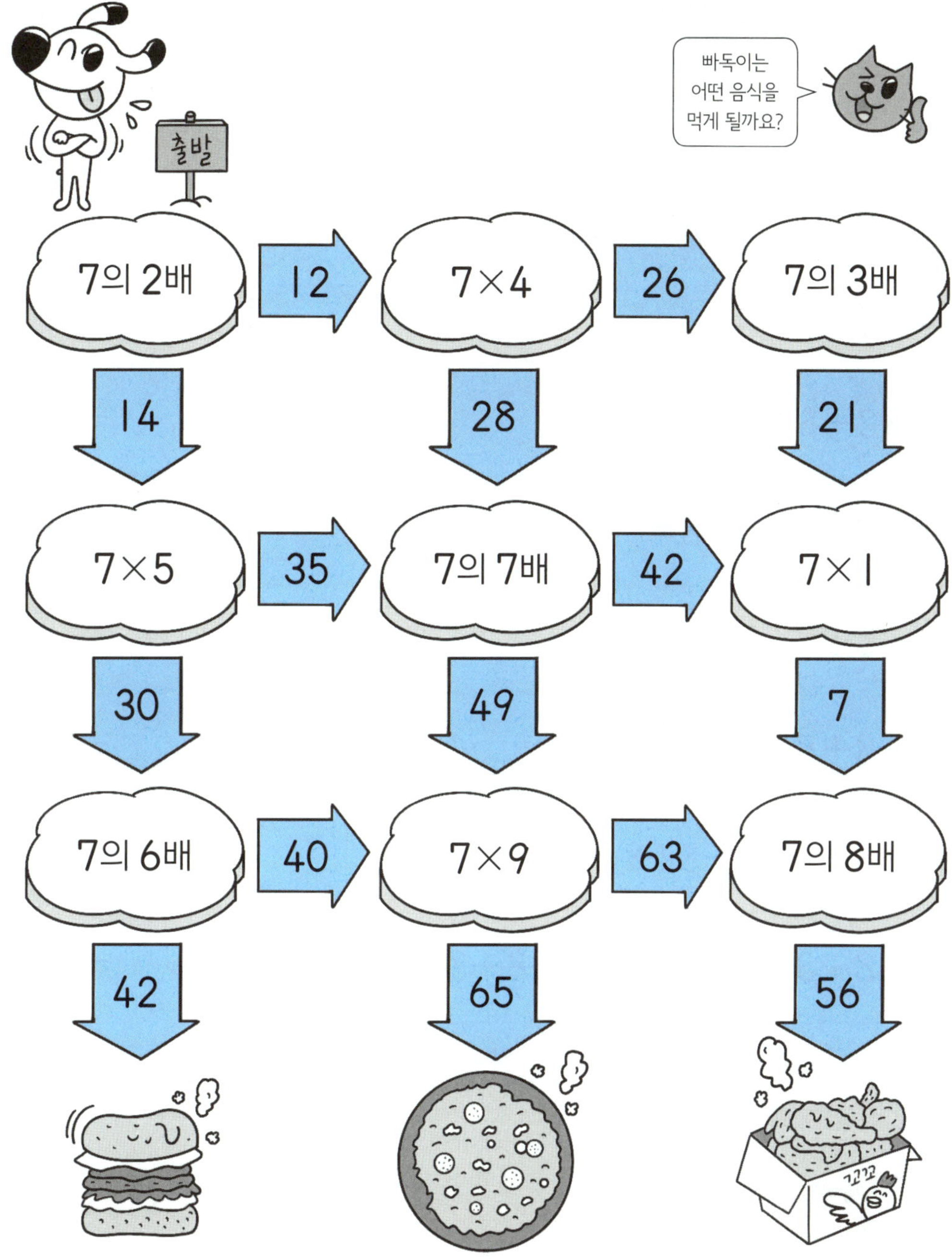
출발
빠독이는
어떤 음식을
먹게 될까요?
7의 2배
12
7×4
26
7의 3배
14
28
21
7×5
35
7의 7배
42
7×1
30
49
7
7의 6배
40
7×9
63
7의 8배
42
65
56

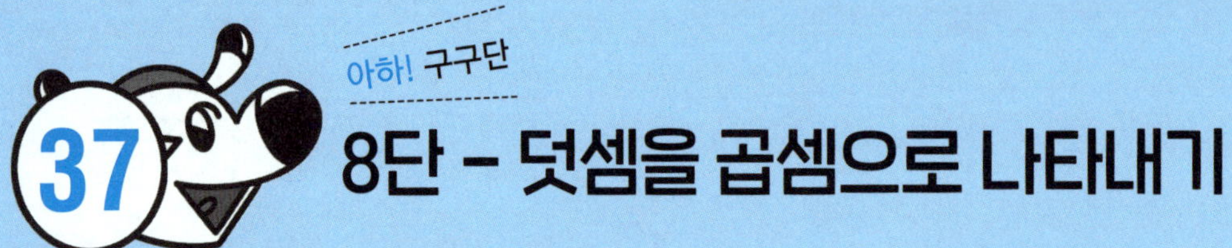

8단 – 덧셈을 곱셈으로 나타내기

🐾 다음 덧셈을 곱셈식으로 나타내세요.

같은 수를 여러 번 더하기	곱셈식으로 나타내기
8	$8 \times 1 = 8$
$8+8=$ 16	$8 \times$ 2 $=$ 16
$8+8+8=$ ☐	$8 \times$ ☐ $=$ ☐
$8+8+8+8=$ ☐	$8 \times$ ☐ $=$ ☐
$8+8+8+8+8=$ ☐	$8 \times$ ☐ $=$ ☐
$8+8+8+8+8+8=$ ☐	$8 \times$ ☐ $=$ ☐
$8+8+8+8+8+8+8=$ ☐	$8 \times$ ☐ $=$ ☐
$8+8+8+8+8+8+8+8=$ ☐	☐ $\times$ ☐ $=$ ☐
$8+8+8+8+8+8+8+8+8=$ ☐	☐ $\times$ ☐ $=$ ☐

잠깐! 퀴즈

'8×5'와 곱의 결과가 같은 무엇일까요?

① 5×8   ② 6×5

① 月日

🐾 다음 덧셈은 곱셈식으로, 곱셈은 덧셈식으로 나타내세요.

1 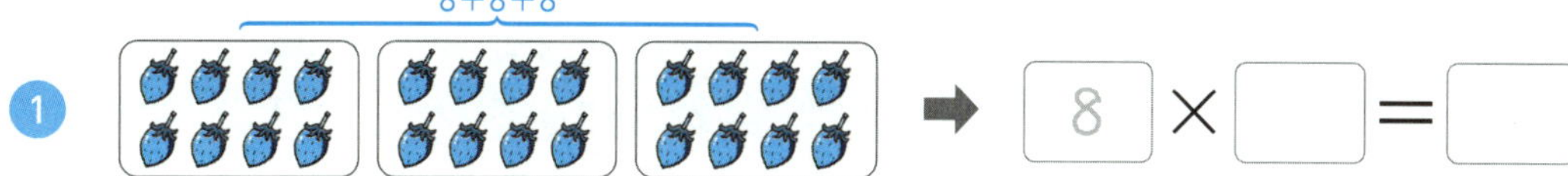

➡ 8 × ☐ = ☐

2 8+8 ➡

3 8+8+8+8+8 ➡

4 8+8+8+8+8+8+8+8 ➡

5 8 ➡ ☐ × ☐ = ☐

6 8×4 ➡ ☐ + ☐ + ☐ + ☐ = ☐

7 8×7 ➡

8 8×9 ➡

9 8×6 ➡

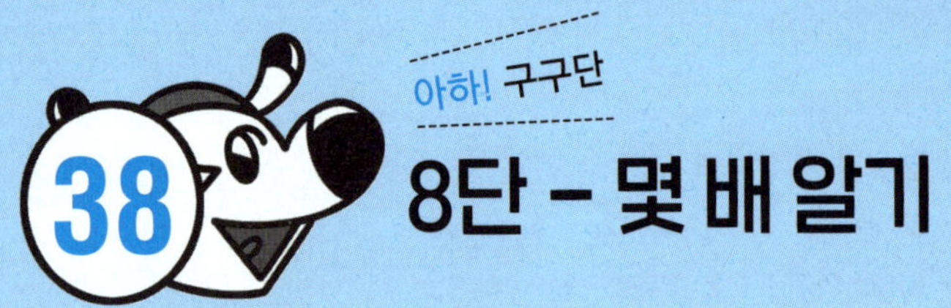

38 8단 - 몇 배 알기

다음 곱셈이 8의 몇 배인지 쓰고 계산하세요.

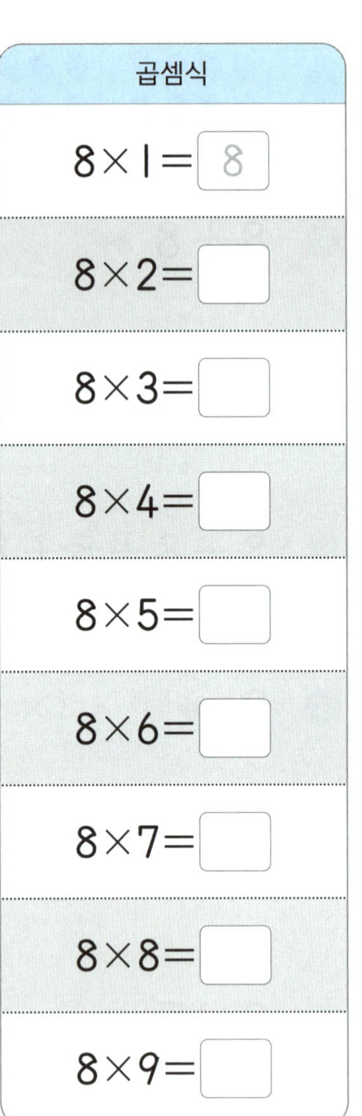

곱셈	몇 배	곱셈식
8×1	8의 １ 배	8×1= 8
8×2	8의 ☐ 배	8×2=☐
8×3	8의 ☐ 배	8×3=☐
8×4	8의 ☐ 배	8×4=☐
8×5	8의 ☐ 배	8×5=☐
8×6	8의 ☐ 배	8×6=☐
8×7	8의 ☐ 배	8×7=☐
8×8	☐ 의 ☐ 배	8×8=☐
8×9	☐	8×9=☐

'8×9'는 8의 몇 배일까요?

① 8배　　　　　② 9배

② 담장

다음 그림을 보고 8의 몇 배인지 곱셈식으로 나타내세요.

1

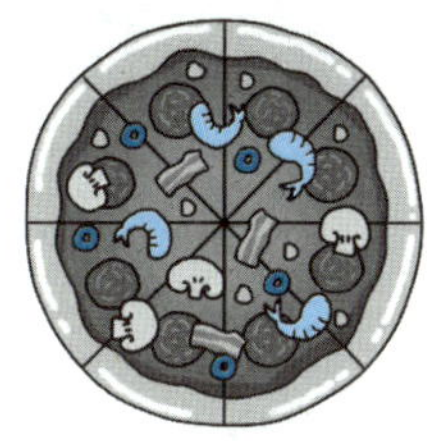

피자가 **2**판 있을 때 조각 피자의 수

➡ $8 \times \boxed{} = \boxed{}$ (조각)

2

코스모스가 **4**송이 있을 때 꽃잎의 수

➡ $8 \times \boxed{} = \boxed{}$ (개)

3

거미 **7**마리의 다리의 수

➡ $8 \times \boxed{} = \boxed{}$ (개)

4

낙지 **9**마리의 다리의 수

➡ $8 \times \boxed{} = \boxed{}$ (개)

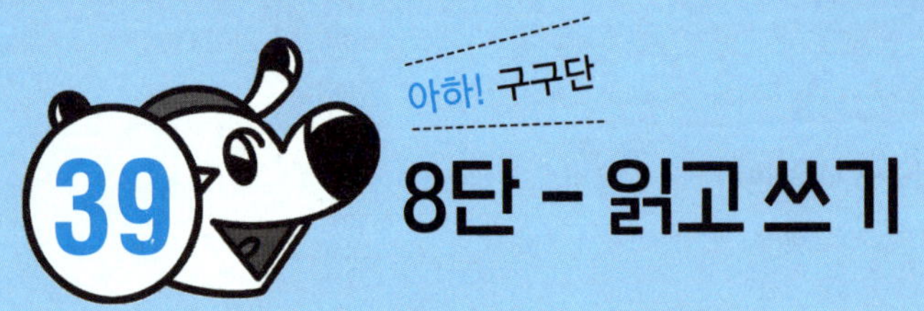

39 8단 – 읽고 쓰기

 다음 8단을 바르게 읽고 쓰세요.

8단	읽기	쓰기
$8 \times 1 = 8$	팔 일은 ☐	$8 \times 1 = 8$
$8 \times 2 = 16$	팔 이 십육	$8 \times$
$8 \times 3 = 24$	팔 삼 ☐	
$8 \times 4 = 32$	팔 사 ☐	
$8 \times 5 = 40$	팔 오 사십	
$8 \times 6 = 48$	팔 육 ☐	
$8 \times 7 = 56$	팔 칠 ☐	
$8 \times 8 = 64$	☐ 팔 ☐	
$8 \times 9 = 72$	☐	

'$8 \times 2 = 16$'을 바르게 읽은 것은 무엇일까요?

① 팔 이 십육   ② 팔 이 열여섯

정답 ①

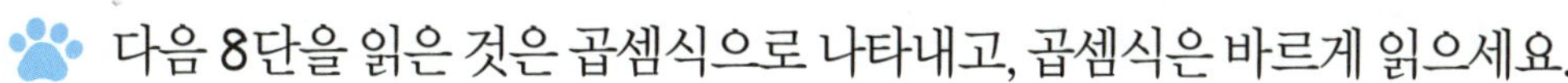

🐾 다음 8단을 읽은 것은 곱셈식으로 나타내고, 곱셈식은 바르게 읽으세요.

1 팔 육 사십팔 ➡ $8 \times \boxed{} = \boxed{}$

2 팔 이 십육 ➡

3 팔 팔 육십사 ➡

4 팔 칠 오십육 ➡

5 팔 삼 이십사 ➡

6 $8 \times 1 = 8$ ➡ 팔 일은 $\boxed{}$

7 $8 \times 4 = 32$ ➡ 팔 사 $\boxed{}$

8 $8 \times 5 = 40$ ➡ 팔 오 $\boxed{}$

9 $8 \times 9 = 72$ ➡ 팔 구 $\boxed{}$

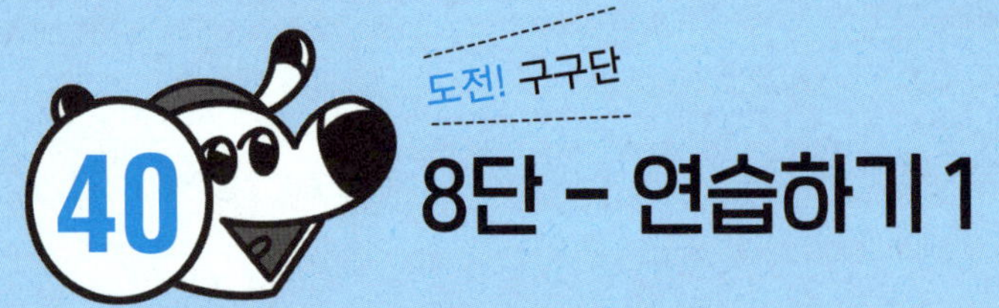

40 8단 – 연습하기 1

🐾 다음 ☐ 안에 두 수의 곱을 쓰세요.

① 8 × 1 = ☐

② 8 × 2 = ☐

③ 8 × 3 = ☐

④ 8 × 4 = ☐

⑤ 8 × 5 = ☐

⑥ 8 × 6 = ☐

⑦ 8 × 7 = ☐

⑧ 8 × 8 = ☐

⑨ 8 × 9 = ☐

⑩ 8 × 9 = ☐

⑪ 8 × 8 = ☐

⑫ 8 × 7 = ☐

⑬ 8 × 6 = ☐

⑭ 8 × 5 = ☐

⑮ 8 × 4 = ☐

⑯ 8 × 3 = ☐

⑰ 8 × 2 = ☐

⑱ 8 × 1 = ☐

🐾 다음 ☐ 안에 두 수의 곱을 쓰세요.

1 $8 \times 2 =$ ☐

8×2은 8+8과 같아요.

2 $8 \times 1 =$ ☐

3 $8 \times 4 =$ ☐

4 $8 \times 7 =$ ☐

5 $8 \times 6 =$ ☐

6 $8 \times 8 =$ ☐

7 $8 \times 3 =$ ☐

8 $8 \times 5 =$ ☐

9 $8 \times 9 =$ ☐

10 $8 \times 6 =$ ☐

11 $8 \times 4 =$ ☐

12 $8 \times 7 =$ ☐

13 $8 \times 9 =$ ☐

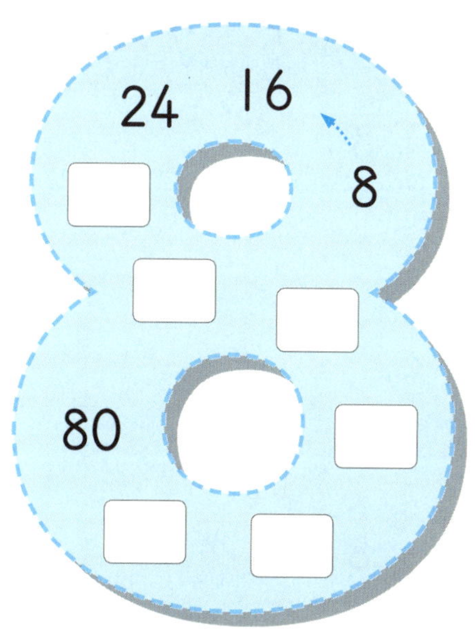

41 8단 – 연습하기 2

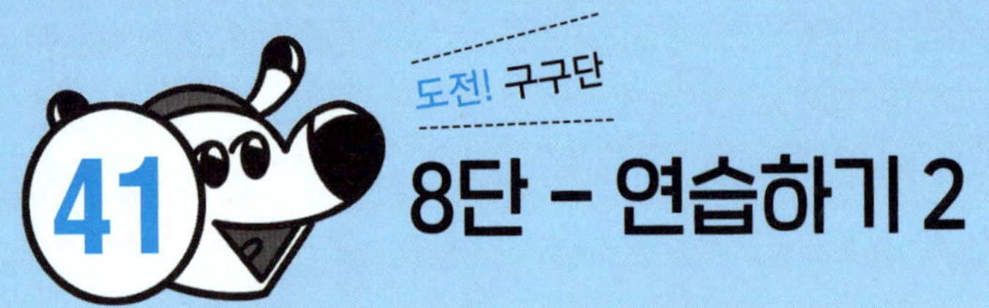

다음 10칸 곱셈표의 비어 있는 곳에 알맞은 수를 쓰세요.

1

×	1	2	3	4	5	6	7	8	9	10
8	8				40			64		80

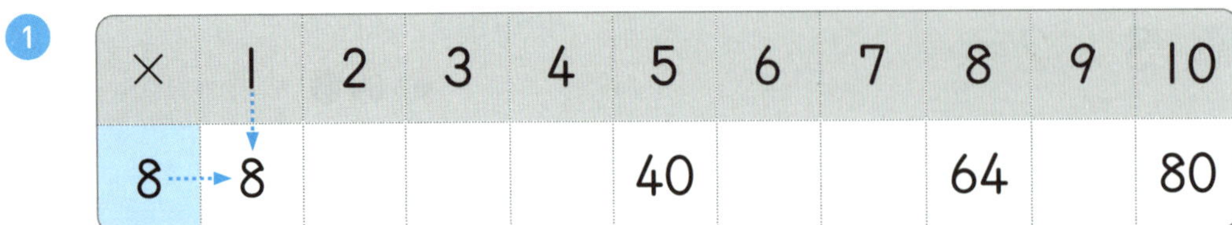

2

×	10	9	8	7	6	5	4	3	2	1
8	80									

3

×	5	7	9	1	3	2	4	6	8	10
8										80

4

×	4	7	9	5	1	3	8	10	2	6
8								80		

관계있는 것끼리 선으로 이어 보세요.

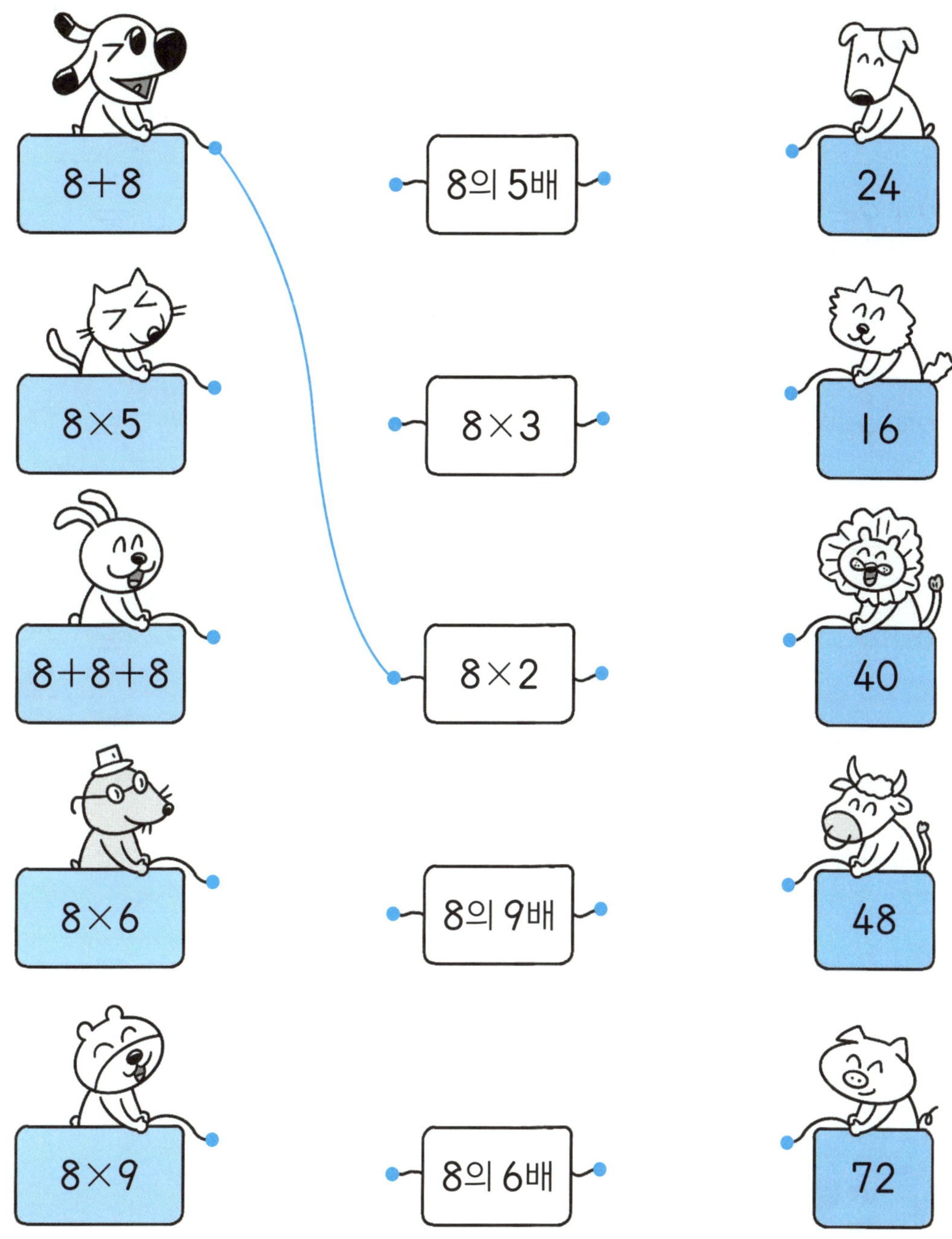

8+8
8×5
8+8+8
8×6
8×9
8의 5배
8×3
8×2
8의 9배
8의 6배
24
16
40
48
72

42 아하! 구구단

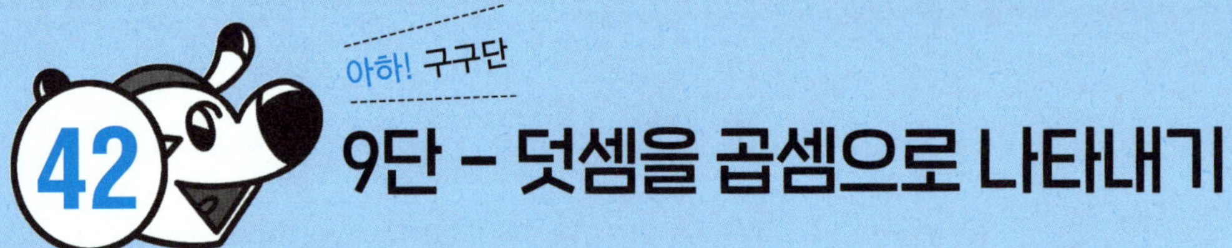

9단 - 덧셈을 곱셈으로 나타내기

다음 덧셈을 곱셈식으로 나타내세요.

같은 수를 여러 번 더하기	곱셈식으로 나타내기
9	9 × 1 = 9
9+9= 18	9 × 2 = 18
9+9+9=	9 × ☐ = ☐
9+9+9+9=	9 × ☐ = ☐
9+9+9+9+9=	9 × ☐ = ☐
9+9+9+9+9+9=	9 × ☐ = ☐
9+9+9+9+9+9+9=	9 × ☐ = ☐
9+9+9+9+9+9+9+9=	☐ × ☐ = ☐
9+9+9+9+9+9+9+9+9=	☐ × ☐ = ☐

+9 +9 +9 +9

곱하는 수가 1씩 커지면 곱은 9씩 커져요.

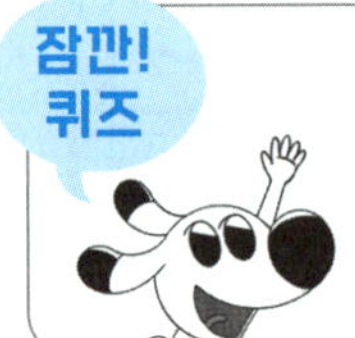

잠깐! 퀴즈

9명이 탈 수 있는 승합차가 5대 있어요. 승합차에 탈 수 있는 사람은 모두 몇 명일까요?

① 9×5=45(명)　　② 9×9=81(명)

정답 ①

🐾 다음 덧셈은 곱셈식으로, 곱셈은 덧셈식으로 나타내세요.

1 $9 \times \boxed{} = \boxed{}$

2 $9 \Rightarrow \boxed{} \times \boxed{} = \boxed{}$

3 $9+9+9+9+9+9+9+9 \Rightarrow$

4 $9+9+9+9+9+9 \Rightarrow$

5 $9+9+9+9 \Rightarrow$

6 $9 \times 3 \Rightarrow \boxed{} + \boxed{} + \boxed{} = \boxed{}$

7 $9 \times 7 \Rightarrow$

8 $9 \times 5 \Rightarrow$

9 $9 \times 9 \Rightarrow$

43 9단 – 몇 배 알기

🐾 다음 곱셈이 9의 몇 배인지 쓰고 계산하세요.

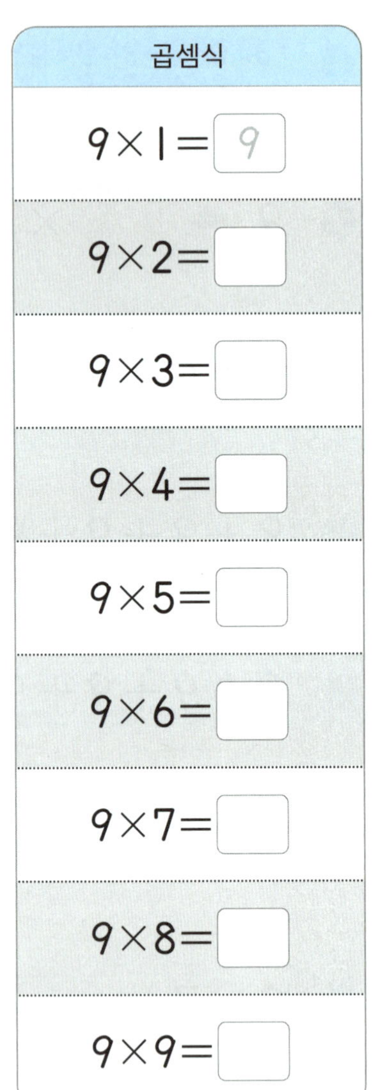

곱셈	몇 배	곱셈식
9×1	9의 [1] 배	9×1= [9]
9×2	9의 [ ] 배	9×2= [ ]
9×3	9의 [ ] 배	9×3= [ ]
9×4	9의 [ ] 배	9×4= [ ]
9×5	9의 [ ] 배	9×5= [ ]
9×6	9의 [ ] 배	9×6= [ ]
9×7	9의 [ ] 배	9×7= [ ]
9×8	[ ]의 [ ] 배	9×8= [ ]
9×9	[ ]	9×9= [ ]

잠깐! 퀴즈

'9+9+9+9+9+9+9+9'는 9의 몇 배와 같을까요?

① 8배   ② 9배

① 吊路

다음 그림을 보고 9의 몇 배인지 곱셈식으로 나타내세요.

① 민우 나이는 9살, 엄마 나이는 민우 나이의 **4**배

➡ (엄마의 나이): $9 \times \boxed{} = \boxed{}$ (살)

② 민우 나이는 9살, 아빠 나이는 민우 나이의 **5**배

➡ (아빠의 나이): $9 \times \boxed{} = \boxed{}$ (살)

③ 동생의 몸무게는 9kg, 민우의 몸무게는 동생 몸무게의 **3**배

➡ (민우의 몸무게): $9 \times \boxed{} = \boxed{}$ (kg)

④ 동생의 몸무게는 9kg, 아빠 몸무게는 동생 몸무게의 **8**배

➡ (아빠의 몸무게): $9 \times \boxed{} = \boxed{}$ (kg)

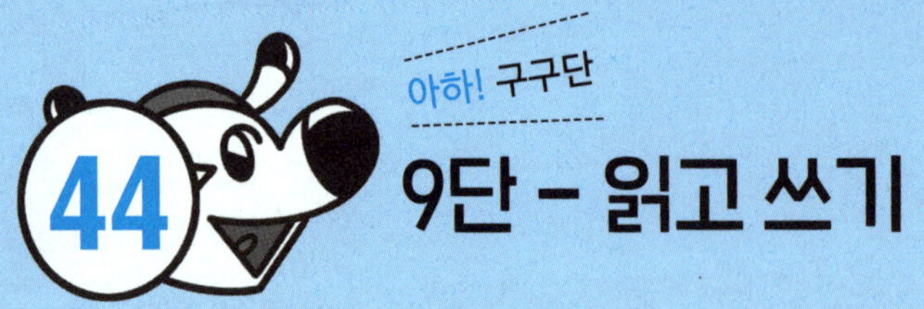

44 9단 – 읽고 쓰기

다음 9단을 바르게 읽고 쓰세요.

9단	읽기	쓰기
$9 \times 1 = 9$	구 일은 ☐	$9 \times 1 = 9$
$9 \times 2 = 18$	구 이 ☐	$9 \times$
$9 \times 3 = 27$	구 삼 이십칠	
$9 \times 4 = 36$	구 사 ☐	
$9 \times 5 = 45$	구 오 ☐	
$9 \times 6 = 54$	구 육 ☐	
$9 \times 7 = 63$	구 칠 육십삼	
$9 \times 8 = 72$	☐ 팔 ☐	
$9 \times 9 = 81$	☐	

잠깐! 퀴즈

'구 팔 칠십이'를 곱셈식으로 바르게 나타낸 것은 무엇일까요?

① $9 \times 9 = 81$　　　　② $9 \times 8 = 72$

② 답정

 구구단의 마지막 단이에요. 큰 소리로 읽고 외워보세요.

🐾 다음 9단을 읽은 것은 곱셈식으로 나타내고, 곱셈식은 바르게 읽으세요.

1 구 일은 구 ➡ $9 \times \boxed{} = \boxed{}$

2 구 이 십팔 ➡

3 구 칠 육십삼 ➡

4 구 사 삼십육 ➡

5 구 오 사십오 ➡

6 $9 \times 3 = 27$ ➡ 구 삼 ☐

7 $9 \times 6 = 54$ ➡ 구 육 ☐

8 $9 \times 8 = 72$ ➡ 구 팔 ☐

9 $9 \times 9 = 81$ ➡ 구 구 ☐

45 9단 – 연습하기 1

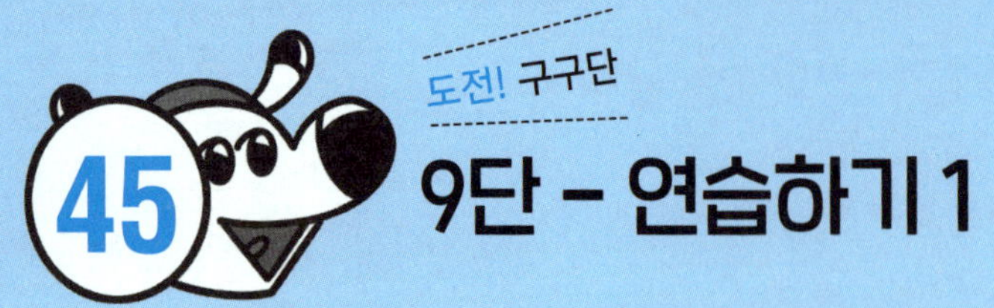

다음 ☐ 안에 두 수의 곱을 쓰세요.

1 $9 \times 1 =$ ☐

2 $9 \times 2 =$ ☐

3 $9 \times 3 =$ ☐

4 $9 \times 4 =$ ☐

5 $9 \times 5 =$ ☐

6 $9 \times 6 =$ ☐

7 $9 \times 7 =$ ☐

8 $9 \times 8 =$ ☐

9 $9 \times 9 =$ ☐

10 $9 \times 9 =$ ☐

11 $9 \times 8 =$ ☐

12 $9 \times 7 =$ ☐

13 $9 \times 6 =$ ☐

14 $9 \times 5 =$ ☐

15 $9 \times 4 =$ ☐

16 $9 \times 3 =$ ☐

17 $9 \times 2 =$ ☐

18 $9 \times 1 =$ ☐

🐾 다음 ☐ 안에 두 수의 곱을 쓰세요.

1 9 × 2 = ☐

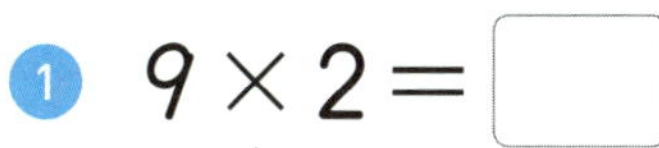

2 9 × 1 = ☐

3 9 × 7 = ☐

4 9 × 4 = ☐

5 9 × 6 = ☐

6 9 × 3 = ☐

7 9 × 5 = ☐

8 9 × 9 = ☐

9 9 × 8 = ☐

10 9 × 7 = ☐

11 9 × 5 = ☐

12 9 × 6 = ☐

13 9 × 8 = ☐

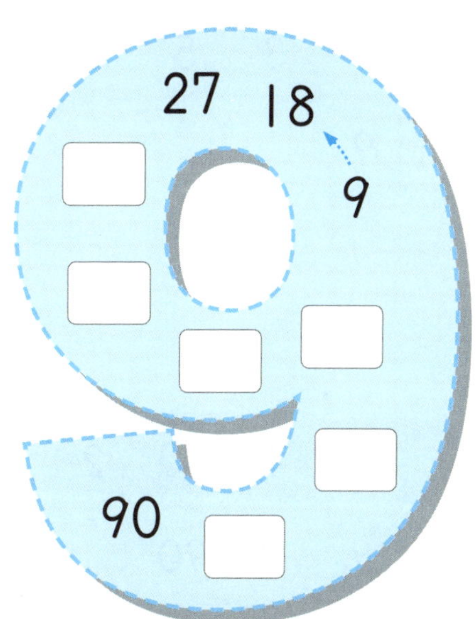

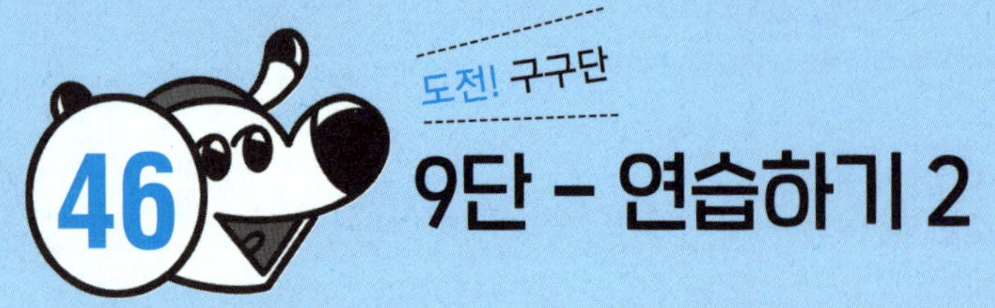

9단 – 연습하기 2

🐾 다음 10칸 곱셈표를 완성하세요.

①

×	1	2	3	4	5	6	7	8	9	10
9	9				45					90

②

×	10	9	8	7	6	5	4	3	2	1
9	90									

③

×	3	5	6	8	9	1	4	2	7	10
9										90

④

×	1	10	2	9	3	7	8	6	5	4
9		90								

미로를 탈출하기 위해 올바른 곱셈식을 따라 선으로 이어 보세요.

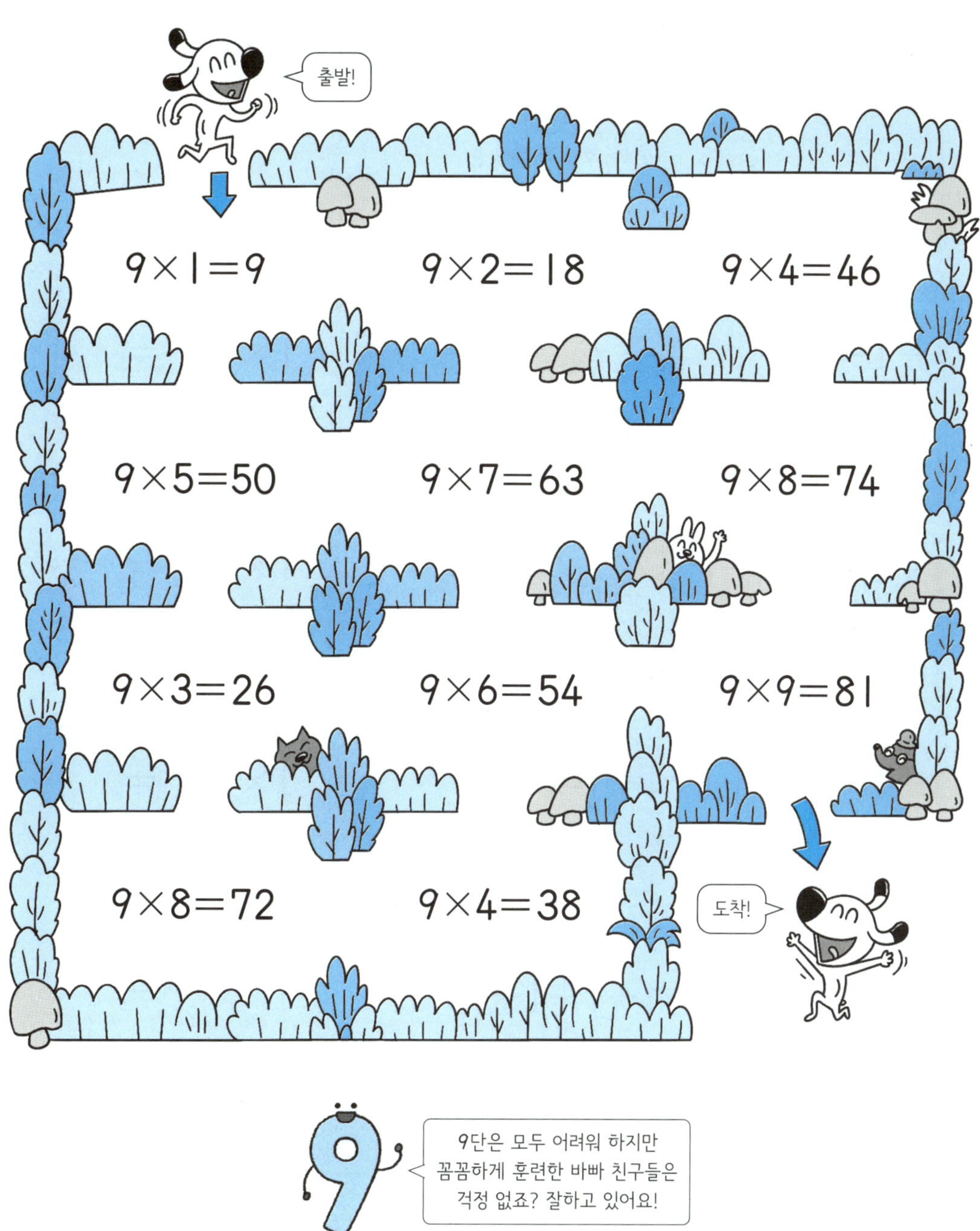
출발!
9×1=9
9×2=18
9×4=46
9×5=50
9×7=63
9×8=74
9×3=26
9×6=54
9×9=81
9×8=72
9×4=38
도착!
9단은 모두 어려워 하지만
꼼꼼하게 훈련한 바빠 친구들은
걱정 없죠? 잘하고 있어요!

47 1단 – 덧셈을 곱셈으로 나타내기

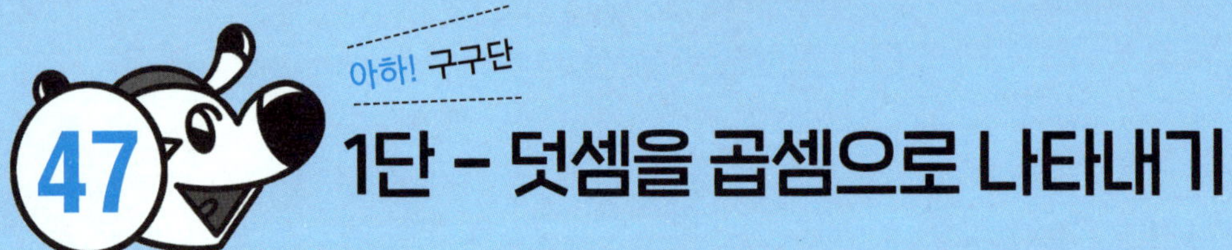

🐾 다음 덧셈을 하고 곱셈식으로 나타내세요.

같은 수를 여러 번 더하기	곱셈식으로 나타내기
I	I × I = I
I + I = 2	I × 2 = 2
I + I + I = ☐	I × ☐ = ☐
I + I + I + I = ☐	I × ☐ = ☐
I + I + I + I + I = ☐	I × ☐ = ☐
I + I + I + I + I + I = ☐	I × ☐ = ☐
I + I + I + I + I + I + I = ☐	I × ☐ = ☐
I + I + I + I + I + I + I + I = ☐	I × ☐ = ☐
I + I + I + I + I + I + I + I + I = ☐	I × ☐ = ☐

잠깐! 퀴즈

'I의 9배'와 같은 것은 무엇일까요?

① I + I + I + I + I + I + I + I + I 　　② I × 9

정답 ②

다음 ☐ 안에 알맞은 수를 쓰세요.

1 $1 + 1 = \boxed{1} \times \boxed{} = \boxed{}$

2 $1 + 1 + 1 + 1 = \boxed{} \times \boxed{} = \boxed{}$

3 $1 + 1 + 1 + 1 + 1 + 1 + 1 + 1 = \boxed{} \times \boxed{} = \boxed{}$

4 1의 6배 ➡ $1 \times \boxed{} = \boxed{}$

5 1의 9배 ➡ $1 \times \boxed{} = \boxed{}$

6 $1 \times 4 = \boxed{}$

7 $1 \times 3 = \boxed{}$

8 $1 \times 7 = \boxed{}$

9 $1 \times 5 = \boxed{}$

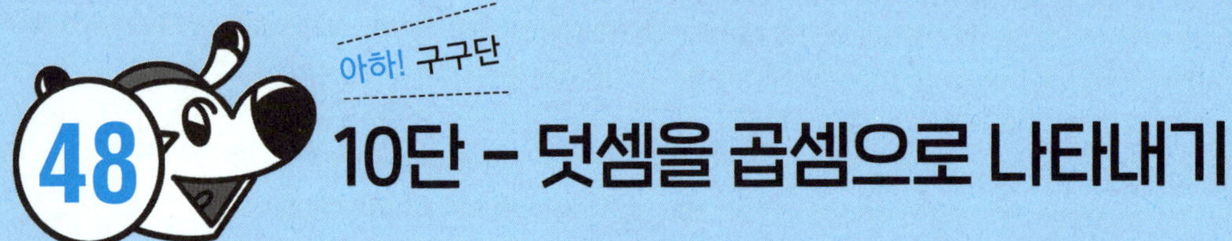

10단 – 덧셈을 곱셈으로 나타내기

다음 덧셈을 곱셈식으로 나타내세요.

같은 수를 여러 번 더하기	곱셈식으로 나타내기
10	$10 \times 1 = 10$
10+10	$10 \times \boxed{2} = \boxed{20}$
10+10+10	$10 \times \boxed{} = \boxed{}$
10+10+10+10	$10 \times \boxed{} = \boxed{}$
10+10+10+10+10	$10 \times \boxed{} = \boxed{}$
10+10+10+10+10+10	$10 \times \boxed{} = \boxed{}$
10+10+10+10+10+10+10	$10 \times \boxed{} = \boxed{}$
10+10+10+10+10+10+10+10	$10 \times \boxed{} = \boxed{}$
10+10+10+10+10+10+10+10+10	$10 \times \boxed{} = \boxed{}$

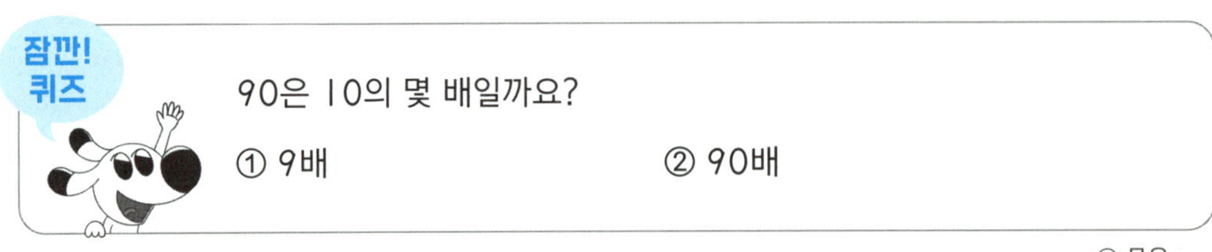

정답 ①

🐾 다음 ⬜ 안에 알맞은 수를 쓰세요.

① $10+10=\boxed{10}\times\boxed{}=\boxed{}$

② $10+10+10+10=\boxed{}\times\boxed{}=\boxed{}$

③ $10+10+10+10+10+10=\boxed{}\times\boxed{}=\boxed{}$

④ 10의 5배 ➡ $10\times\boxed{}=\boxed{}$

⑤ 10의 8배 ➡ $10\times\boxed{}=\boxed{}$

⑥ $10\times1=\boxed{}$

⑦ $10\times3=\boxed{}$

⑧ $10\times7=\boxed{}$

⑨ $10\times9=\boxed{}$

49 0단 – 곱셈으로 나타내기

🐾 다음 빈 접시 안의 딸기의 개수를 쓰세요.

빈 접시에는 아무 것도 없으니까 딸기의 개수는 0이에요.

빈 접시의 개수	딸기의 개수(0단)
	$0 \times 1 = 0$
	$0 \times 2 = 0$
	$0 \times \boxed{\ } = \boxed{\ }$
	$0 \times \boxed{\ } = \boxed{\ }$
	$0 \times \boxed{\ } = \boxed{\ }$
	$0 \times \boxed{\ } = \boxed{\ }$
	$0 \times \boxed{\ } = \boxed{\ }$
	$0 \times \boxed{\ } = \boxed{\ }$
	$0 \times \boxed{\ } = \boxed{\ }$

잠깐! 퀴즈

'0×10'과 곱의 결과가 같은 것은 무엇일까요?

① 0×3 ② 10

정답 ①

다음 ☐ 안에 알맞은 수를 쓰세요.

1 $0 = \boxed{0} \times \boxed{1} = \boxed{}$

2 $0 + 0 = \boxed{} \times \boxed{} = \boxed{}$

3 $0 + 0 + 0 + 0 + 0 = \boxed{} \times \boxed{} = \boxed{}$

4   0의 3배 ➡ $0 \times \boxed{} = \boxed{}$

5   0의 8배 ➡ $0 \times \boxed{} = \boxed{}$

6 $0 \times 7 = \boxed{}$

7 $0 \times 6 = \boxed{}$

8 $0 \times 9 = \boxed{}$

9 $0 \times 4 = \boxed{}$

50 1단, 10단, 0단 – 연습하기 1

🐾 다음 ☐ 안에 두 수의 곱을 쓰세요.

1 $0 \times 3 =$ ☐

2 $1 \times 2 =$ ☐

3 $0 \times 7 =$ ☐

4 $1 \times 9 =$ ☐

5 $1 \times 5 =$ ☐

6 $1 \times 1 =$ ☐

7 $0 \times 5 =$ ☐

8 $10 \times 2 =$ ☐

9 $10 \times 9 =$ ☐

10 $0 \times 9 =$ ☐

11 $1 \times 4 =$ ☐

12 $10 \times 6 =$ ☐

13 $10 \times 7 =$ ☐

14 $10 \times 5 =$ ☐

15 $1 \times 8 =$ ☐

16 $0 \times 8 =$ ☐

17 $10 \times 3 =$ ☐

18 $10 \times 4 =$ ☐

🐾 다음 ☐ 안에 두 수의 곱을 쓰세요.

① $10 \times 3 = \boxed{}$

② $10 \times 9 = \boxed{}$

③ $1 \times 9 = \boxed{}$

④ $0 \times 8 = \boxed{}$

⑤ $1 \times 6 = \boxed{}$

⑥ $10 \times 1 = \boxed{}$

⑦ $10 \times 8 = \boxed{}$

⑧ $1 \times 0 = \boxed{}$

⑨ $0 \times 1 = \boxed{}$

⑩ $10 \times 5 = \boxed{}$

⑪ $1 \times 4 = \boxed{}$

⑫ $1 \times 3 = \boxed{}$

⑬ $0 \times 7 = \boxed{}$

⑭ $10 \times 2 = \boxed{}$

⑮ $1 \times 7 = \boxed{}$

⑯ $1 \times 5 = \boxed{}$

⑰ $10 \times 4 = \boxed{}$

⑱ $0 \times 6 = \boxed{}$

51 1단, 10단, 0단 – 연습하기 2

🐾 다음 곱셈표를 완성하세요.

1

×	1	2	3	4	5	6	7	8	9
1	1								

2

×	1	2	3	4	5	6	7	8	9
10									

3

×	3	2	1	4	7	6	9	8	5
10		20	10					80	
0	0			0				0	0
1			1	4					5

1. $0 \times 5 =$ [ ]

2. $1 \times 4 =$ [ ]

3. $10 \times 2 =$ [ ]

4. $0 \times 3 =$ [ ]

5. $1 \times 6 =$ [ ]

6. $10 \times 5 =$ [ ]

7. $1 \times 7 =$ [ ]

8. $0 \times 5 =$ [ ]

9. $1 \times 9 =$ [ ]

10. $10 \times 8 =$ [ ]

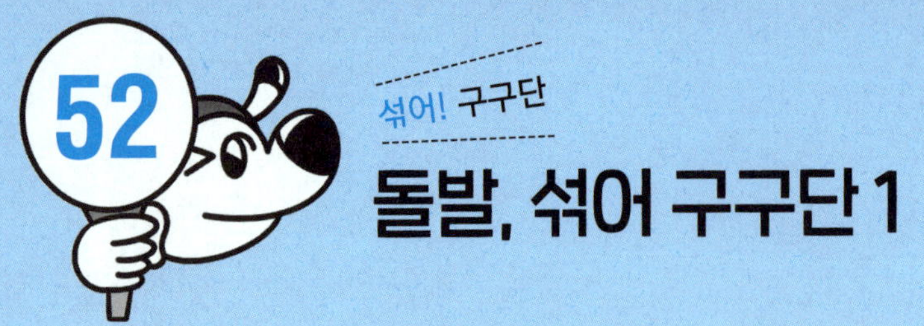

다음 ☐ 안에 두 수의 곱을 쓰세요.

1. $6 \times 2 = \boxed{}$

2. $7 \times 4 = \boxed{}$

3. $8 \times 3 = \boxed{}$

4. $9 \times 4 = \boxed{}$

5. $10 \times 5 = \boxed{}$

6. $0 \times 7 = \boxed{}$

7. $8 \times 5 = \boxed{}$

8. $7 \times 6 = \boxed{}$

9. $6 \times 6 = \boxed{}$

10. $6 \times 3 = \boxed{}$

11. $7 \times 7 = \boxed{}$

12. $9 \times 5 = \boxed{}$

13. $9 \times 8 = \boxed{}$

14. $7 \times 5 = \boxed{}$

15. $8 \times 6 = \boxed{}$

16. $8 \times 7 = \boxed{}$

17. $10 \times 6 = \boxed{}$

18. $6 \times 8 = \boxed{}$

🐾 다음 ☐ 안에 두 수의 곱을 쓰세요.

1 $7 \times 9 = $ ☐

2 $8 \times 9 = $ ☐

3 $9 \times 3 = $ ☐

4 $6 \times 5 = $ ☐

5 $9 \times 7 = $ ☐

6 $0 \times 9 = $ ☐

7 $8 \times 8 = $ ☐

8 $7 \times 8 = $ ☐

9 $9 \times 9 = $ ☐

10 $6 \times 9 = $ ☐

11 $6 \times 8 = $ ☐

12 $9 \times 6 = $ ☐

13 $7 \times 6 = $ ☐

14 $8 \times 7 = $ ☐

15 $10 \times 8 = $ ☐

☐ $\times$ ☐ $=$ ☐

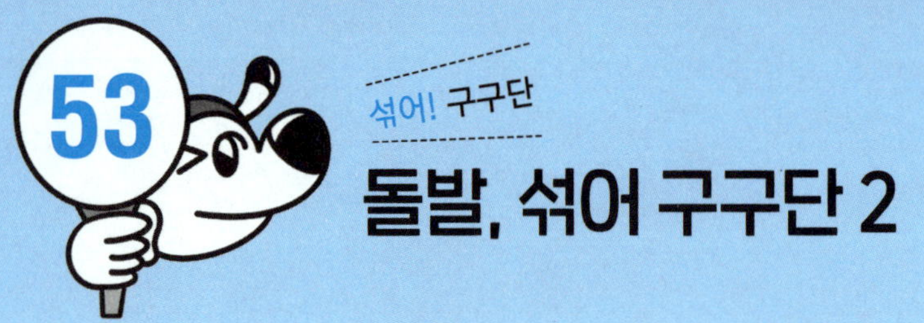

돌발, 섞어 구구단 2

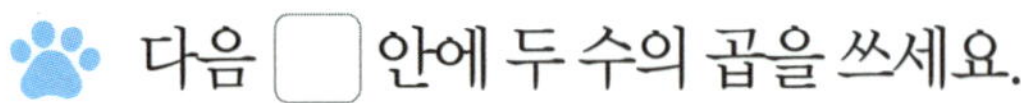

🐾 다음 ⬚ 안에 두 수의 곱을 쓰세요.

1. $9 \times 5 =$ ⬚
2. $8 \times 9 =$ ⬚
3. $8 \times 3 =$ ⬚
4. $8 \times 7 =$ ⬚
5. $6 \times 9 =$ ⬚
6. $9 \times 6 =$ ⬚
7. $10 \times 4 =$ ⬚
8. $7 \times 6 =$ ⬚
9. $6 \times 3 =$ ⬚

10. $7 \times 0 =$ ⬚
11. $7 \times 7 =$ ⬚
12. $8 \times 10 =$ ⬚
13. $9 \times 9 =$ ⬚
14. $8 \times 8 =$ ⬚
15. $7 \times 3 =$ ⬚
16. $6 \times 7 =$ ⬚
17. $7 \times 8 =$ ⬚
18. $6 \times 4 =$ ⬚

1. $7 \times 6 =$ ☐

2. $10 \times 3 =$ ☐

3. $9 \times 4 =$ ☐

4. $8 \times 6 =$ ☐

5. $6 \times 5 =$ ☐

6. $7 \times 9 =$ ☐

7. $0 \times 7 =$ ☐

8. $8 \times 5 =$ ☐

9. $9 \times 3 =$ ☐

10. $7 \times 4 =$ ☐

11. $8 \times 7 =$ ☐

12. $7 \times 8 =$ ☐

13. $8 \times 9 =$ ☐

14. $9 \times 7 =$ ☐

15. $10 \times 9 =$ ☐

☐ $\times$ ☐ $=$ ☐

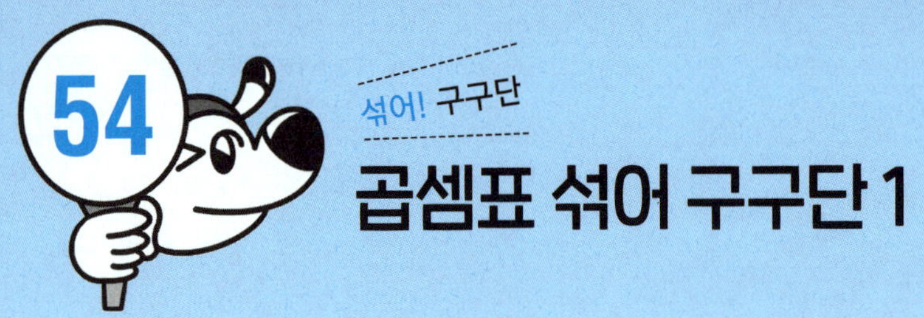

곱셈표 섞어 구구단 1

다음 6~9단의 곱셈표를 완성하세요.

6단		7단		8단		9단	
1	6	1	7	1	8	1	9
2		2		2		2	
3		3		3		3	
4		4		4		4	
5		5		5		5	
6		6		6		6	
7		7		7		7	
8		8		8		8	
9		9		9		9	

🐾 다음 6~9단의 거꾸로 된 곱셈표를 완성하세요.

6단		7단		8단		9단	
9		9		9		9	
8		8		8		8	
7		7		7		7	
6		6		6		6	
5		5		5		5	
4		4		4		4	
3		3		3		3	
2		2		2		2	
1		1		1		1	

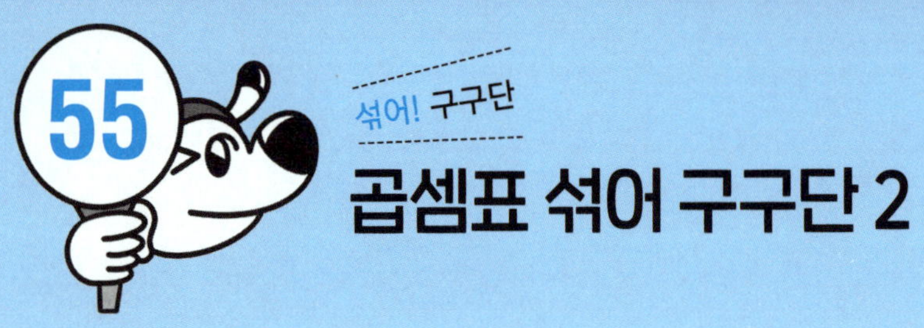

곱셈표 섞어 구구단 2

🐾 다음 곱셈표의 ⭐이 그려진 칸에 두 수의 곱을 쓰세요.

×	1	2	3	4	5	6	7	8	9
6							⭐	⭐	⭐
7				⭐	⭐	⭐		⭐	⭐
8			⭐	⭐			⭐		⭐
9			⭐	⭐		⭐	⭐	⭐	

다음 곱셈표를 완성하세요.

1

×	2	5	8	1	4	3	6	7	9
6									

2

×	1	7	9	2	5	6	3	4	8
7									

3

×	5	6	1	8	7	2	3	9	4
8									

4

×	2	9	3	1	8	4	7	5	6
9									

그림 섞어 구구단 1

🐾 다음 6단 곱셈표에 두 수의 곱을 쓰세요.

×	1	2	3	4	5	6	7	8	9	10
6	6	12								60

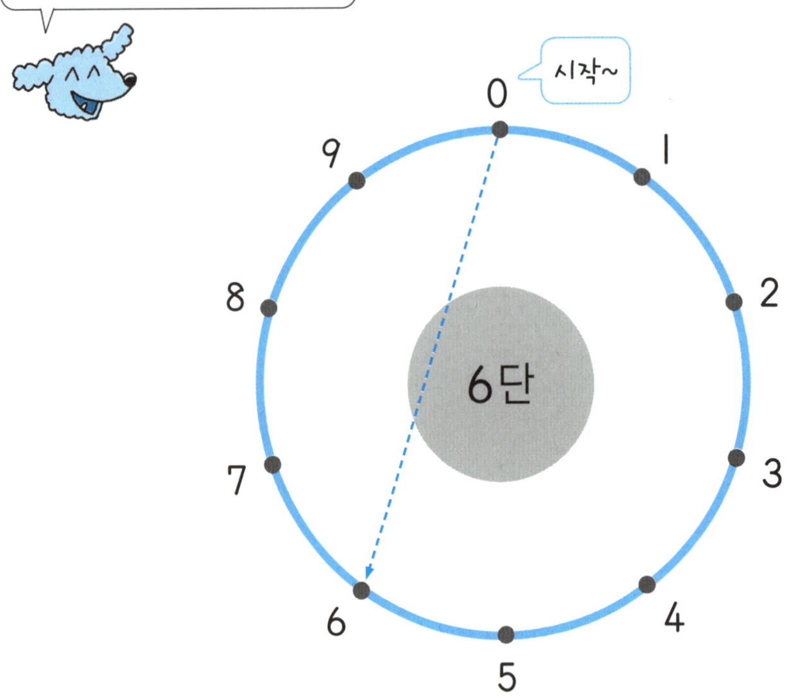

규칙 0을 시작으로 원에 선을 그으면 순서대로 [0], [ ], [ ], [ ], [ ], [0] 순으로 그려지며, (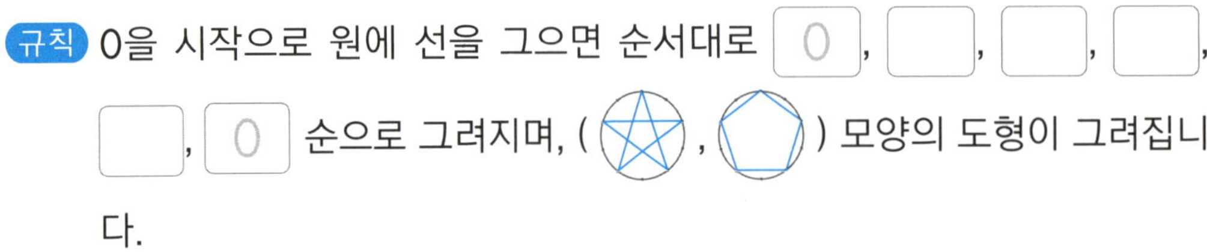) 모양의 도형이 그려집니다.

다음 7단 곱셈표에 두 수의 곱을 쓰세요.

×	l	2	3	4	5	6	7	8	9	10
7	7									70

규칙 0을 시작으로 원에 선을 그으면 (,   ) 모양의 도형이 그려집니다.

176쪽 '특별 부록1'의 구구단 도형 그리기 놀이도 해 보세요~

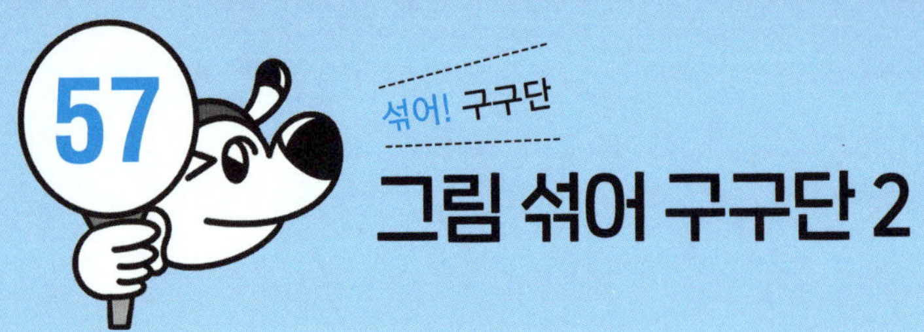

그림 섞어 구구단 2

다음 8단 곱셈표에 두 수의 곱을 쓰세요.

×	1	2	3	4	5	6	7	8	9	10
8	8									80

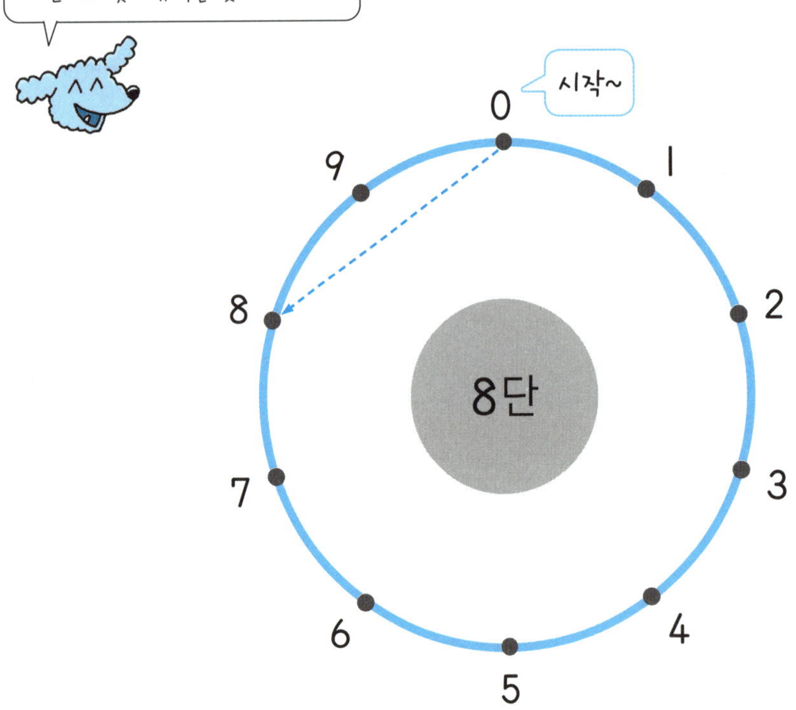

규칙 0을 시작으로 원에 선을 그으면 순서대로 [0], [ ], [ ], [ ], [ ], [0] 순으로 그려지며, (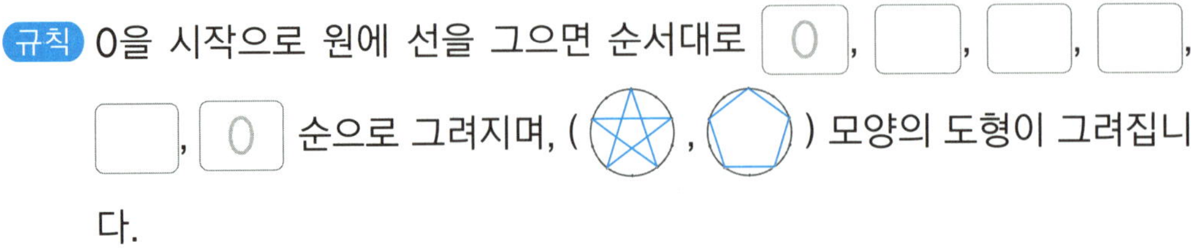) 모양의 도형이 그려집니다.

🐾 다음 9단 곱셈표에 두 수의 곱을 쓰세요.

×	1	2	3	4	5	6	7	8	9	10
9	9									90

규칙 0을 시작으로 원에 선을 그으면 순서대로 0, [ ], [ ], [ ], [ ], [ ], [ ], [ ], [ ], [ ], 0 순으로 일의 자리 수가 1씩 작아집니다.

🐾 176쪽 '특별 부록1'의 구구단 도형 그리기 놀이도 해 보세요~

★
셋째
마당

구구단 응용력 다지기

오늘 공부한
단계를 색칠해
보세요!
공부 시작!
58
59
60
61
62
63
64
구구단 속
규칙 찾기
◻ 안의 수
구하기

65
66
구구단
기초 문장제
야호!
구구단 끝!
도착

58 구구단 속 규칙 찾기 1

🐾 다음 곱셈표를 보고 물음에 답하세요.

×	1	2	3	4	5	6	7	8	9	
1		2			5					
2	2 (2×1)	4 (2×2)	6 (2×3)	8 (2×4)	10 (2×5)	12 (2×6)	14 (2×7)	16 (2×8)	18 (2×9)	➡ ①
3		6			15					
4		8			20					
5	5 (5×1)	10 (5×2)	15 (5×3)	20 (5×4)	25 (5×5)	30 (5×6)	35 (5×7)	40 (5×8)	45 (5×9)	➡ ③
6		12			30					
7		14			35					
8		16			40					
9		18			45					

⬇② (2단 세로줄) ⬇④ (5단 세로줄)

곱셈표 규칙 찾기

① 2단의 가로줄: 오른쪽으로 한 칸씩 이동할 때마다 곱이 ☐ 씩 커집니다.

② 2단의 세로줄: 아래쪽으로 한 칸씩 이동할 때마다 곱이 ☐ 씩 커집니다.

③ 5단의 가로줄: 오른쪽으로 한 칸씩 이동할 때마다 곱이 ☐ 씩 커집니다.

④ 5단의 세로줄: 아래쪽으로 한 칸씩 이동할 때마다 곱이 ☐ 씩 커집니다.

🐾 다음 곱셈표를 보고 물음에 답하세요.

×	1	2	3	4	5	6	7	8	9
1									
2									
3										→ ㉮
4									
5									
6										→ ㉯
7									
8									
9										→ ㉰

1 ㉮, ㉯, ㉰에 두 수의 곱을 쓰세요.

2 ㉮는 곱이 [ ]씩 커지고, ㉯는 곱이 [ ]씩 커집니다.

3 ㉰는 곱이 [ ]씩 커지고, 십의 자리와 일의 자리의 수의 합이 항상

[ ]입니다.

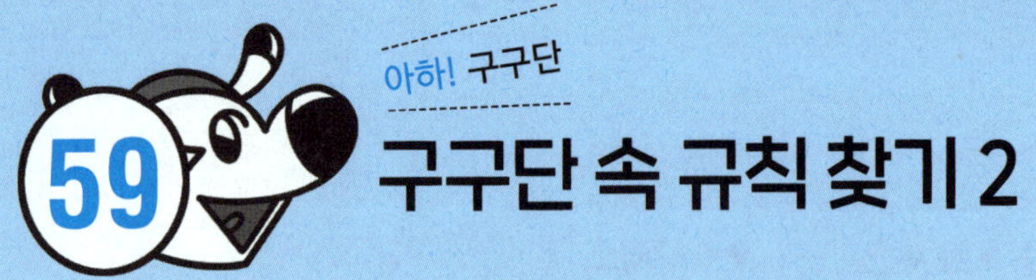

구구단 속 규칙 찾기 2

🐾 다음 곱셈표를 보고 물음에 답하세요.

×	1	2	3	4	5	6	7	8	9
1	1								
2		4							
3			9						
4				16					
5					25				
6						36			
7							49		
8								64	
9									81

곱셈표 규칙 찾기

❶ ☐ × ☐ =25, ☐ × ☐ =49, ☐ × ☐ =81입니다.

❷ 25, 49, 81은 곱해지는 수와 곱하는 수가 (같습니다 , 다릅니다).

🐾 다음 곱셈표를 보고 ☐ 안에 알맞은 수를 쓰세요.

×	1	2	3	4	5	6	7	8	9
1	①								
2		②							
3			③						
4				④					
5					⑤				
6						⑥			
7							⑦		
8								⑧	
9									⑨

① 1×1 = ☐　　④ 4×4 = ☐　　⑦ 7×7 = ☐

② 2×2 = ☐　　⑤ 5×5 = ☐　　⑧ 8×8 = ☐

③ 3×3 = ☐　　⑥ 6×6 = ☐　　⑨ 9×9 = ☐

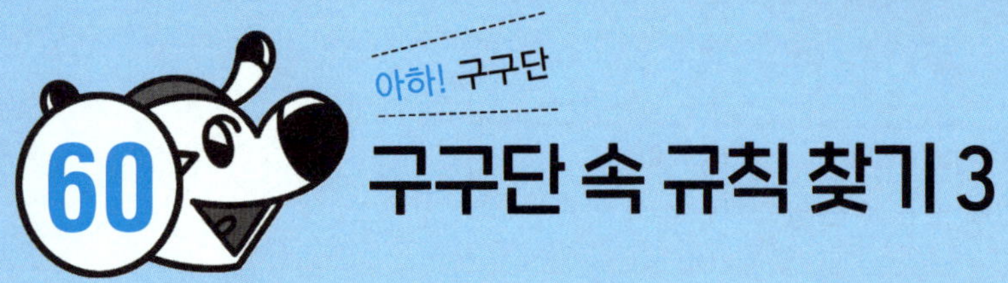

60 구구단 속 규칙 찾기 3

🐾 다음 곱셈표에서 ◯표와 같은 곱을 찾아 △표 하고 물음에 답하세요.

×	1	2	3	4	5	6	7	8	9
1	1	2	3	4	5	6	7	8	9
2	2	4	6	8	10	12	14	16	18
3	3	6	9	12	(15)	18	21	24	27
4	4	8	12	16	20	24	28	32	36
5	5	10	15	20	25	30	35	(40)	45
6	6	12	18	24	30	36	42	48	54
7	7	14	21	28	35	42	49	56	63
8	8	16	24	32	40	48	56	64	72
9	9	18	27	36	45	54	63	72	81

곱셈표 규칙 찾기

① $3 \times 5 = 15$와 $5 \times \boxed{} = 15$는 곱의 결과가 같습니다.

② $5 \times 8 = 40$과 $8 \times \boxed{} = 40$은 곱의 결과가 같습니다.

③ 곱셈에서는 곱하는 두 수의 계산 순서를 바꾸어 곱해도 곱의 결과가
(같습니다 , 다릅니다).

🐾 다음 곱셈표를 보고 물음에 답하세요.

×	1	2	3	4	5	6	7	8	9
1	1								
2		4			10				
3		9							
4			16						
5		♥			25				
6						36			
7		🎀					49		
8					⭐			64	
9									81

① 곱셈표에서 곱이 ♥와 같은 칸을 찾아 곱을 쓰고, ♥와 선으로 연결하세요.

② 곱셈표에서 곱이 🎀과 같은 칸을 찾아 곱을 쓰고, 🎀과 선으로 연결하세요.

③ 곱셈표에서 곱이 ⭐과 같은 칸을 찾아 곱을 쓰고, ⭐과 선으로 연결하세요.

61 구구단 속 규칙 찾기 – 연습하기

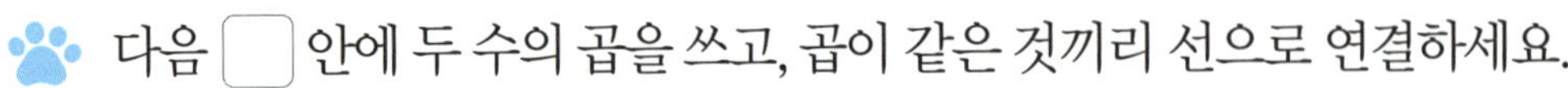

다음 ☐ 안에 두 수의 곱을 쓰고, 곱이 같은 것끼리 선으로 연결하세요.

① $1 \times 2 =$ ☐ • 　　• $8 \times 3 =$ ☐

② $3 \times 5 =$ ☐ • 　　• $5 \times 3 =$ ☐

③ $6 \times 3 =$ ☐ • 　　• $9 \times 8 =$ ☐

④ $4 \times 8 =$ ☐ • 　　• $3 \times 6 =$ ☐

⑤ $3 \times 8 =$ ☐ • 　　• $2 \times 1 =$ ☐

⑥ $5 \times 2 =$ ☐ • 　　• $7 \times 2 =$ ☐

⑦ $8 \times 9 =$ ☐ • 　　• $5 \times 7 =$ ☐

⑧ $7 \times 5 =$ ☐ • 　　• $2 \times 5 =$ ☐

⑨ $2 \times 7 =$ ☐ • 　　• $8 \times 4 =$ ☐

다음 ⬜ 안에 두 수의 곱을 쓰고, 곱이 같은 것끼리 선으로 연결하세요.

1. $2 \times 9 =$ ⬜ ・ ・ $7 \times 1 =$ ⬜

2. $1 \times 7 =$ ⬜ ・ ・ $9 \times 7 =$ ⬜

3. $3 \times 7 =$ ⬜ ・ ・ $9 \times 2 =$ ⬜

4. $4 \times 8 =$ ⬜ ・ ・ $7 \times 3 =$ ⬜

5. $0 \times 1 =$ ⬜ ・ ・ $1 \times 0 =$ ⬜

6. $7 \times 9 =$ ⬜ ・ ・ $5 \times 8 =$ ⬜

7. $9 \times 3 =$ ⬜ ・ ・ $8 \times 4 =$ ⬜

8. $8 \times 5 =$ ⬜ ・ ・ $6 \times 2 =$ ⬜

9. $2 \times 6 =$ ⬜ ・ ・ $3 \times 9 =$ ⬜

☐ 안의 수 구하기 1

다음 2단과 5단을 보고 ☐ 안에 알맞은 수를 쓰세요.

2단
2 × 1 = 2
2 × ☐ = 4
2 × ☐ = 6
2 × ☐ = 8
2 × ☐ = 10
2 × ☐ = 12
2 × ☐ = 14
2 × ☐ = 16
2 × ☐ = 18

5단
5 × 1 = 5
5 × ☐ = 10
5 × ☐ = 15
5 × ☐ = 20
5 × ☐ = 25
5 × ☐ = 30
5 × ☐ = 35
5 × ☐ = 40
5 × ☐ = 45

🐾 다음 ☐ 안에 알맞은 수를 쓰세요.

① $3 \times \boxed{} = 15$

② $2 \times \boxed{} = 14$

③ $6 \times \boxed{} = 48$

④ $2 \times \boxed{} = 16$

⑤ $4 \times \boxed{} = 32$

⑥ $3 \times \boxed{} = 27$

⑦ $5 \times \boxed{} = 40$

⑧ $7 \times \boxed{} = 42$

⑨ $3 \times \boxed{} = 24$

⑩ $3 \times \boxed{} = 18$

⑪ $5 \times \boxed{} = 45$

⑫ $8 \times \boxed{} = 56$

⑬ $5 \times \boxed{} = 30$

⑭ $6 \times \boxed{} = 30$

⑮ $7 \times \boxed{} = 49$

⑯ $8 \times \boxed{} = 72$

⑰ $9 \times \boxed{} = 72$

⑱ $6 \times \boxed{} = 54$

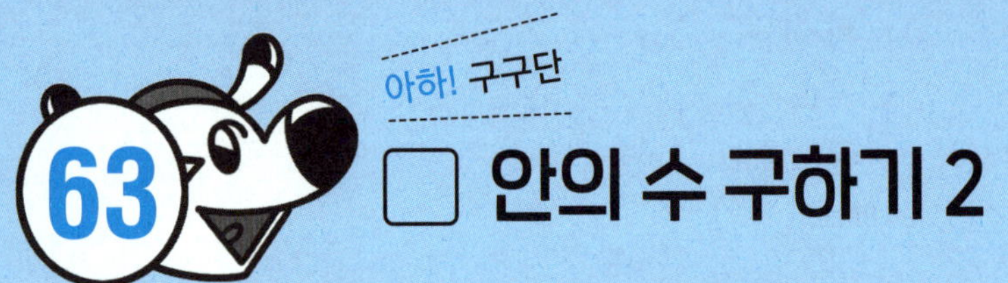

□ 안의 수 구하기 2

🐾 다음 3단과 9단을 보고 □ 안에 알맞은 수를 쓰세요.

3단	9단
□ × 1 = 3	□ × 1 = 9
□ × 2 = 6	□ × 2 = 18
□ × 3 = 9	□ × 3 = 27
□ × 4 = 12	□ × 4 = 36
□ × 5 = 15	□ × 5 = 45
□ × 6 = 18	□ × 6 = 54
□ × 7 = 21	□ × 7 = 63
□ × 8 = 24	□ × 8 = 72
□ × 9 = 27	□ × 9 = 81

🐾 다음 $\square$ 안에 알맞은 수를 쓰세요.

1. $\square \times 6 = 12$

2. $\square \times 2 = 16$

3. $\square \times 3 = 27$

4. $\square \times 7 = 21$

5. $\square \times 5 = 20$

6. $\square \times 7 = 28$

7. $\square \times 9 = 45$

8. $\square \times 6 = 24$

9. $\square \times 7 = 42$

10. $\square \times 9 = 54$

11. $\square \times 4 = 28$

12. $\square \times 6 = 42$

13. $\square \times 7 = 63$

14. $\square \times 6 = 48$

15. $\square \times 8 = 24$

16. $\square \times 6 = 36$

17. $\square \times 8 = 72$

18. $\square \times 6 = 54$

64 □ 안의 수 구하기 – 연습하기

다음 □ 안에 알맞은 수를 쓰세요.

1. $3 \times \boxed{} = 18$

2. $2 \times \boxed{} = 18$

3. $4 \times \boxed{} = 24$

4. $5 \times \boxed{} = 35$

5. $7 \times \boxed{} = 35$

6. $8 \times \boxed{} = 48$

7. $6 \times \boxed{} = 24$

8. $9 \times \boxed{} = 63$

9. $7 \times \boxed{} = 49$

10. $\boxed{} \times 3 = 21$

11. $\boxed{} \times 8 = 16$

12. $\boxed{} \times 8 = 40$

13. $\boxed{} \times 9 = 54$

14. $\boxed{} \times 8 = 32$

15. $\boxed{} \times 5 = 35$

16. $\boxed{} \times 7 = 42$

17. $\boxed{} \times 9 = 81$

18. $\boxed{} \times 9 = 72$

1. $1 \times \boxed{} = 9$

2. $5 \times \boxed{} = 45$

3. $4 \times \boxed{} = 36$

4. $\boxed{} \times 8 = 0$

5. $\boxed{} \times 4 = 28$

6. $\boxed{} \times 7 = 56$

7. $7 \times \boxed{} = 56$

8. $9 \times \boxed{} = 54$

9. $8 \times \boxed{} = 48$

10. $8 \times \boxed{} = 32$

11. $3 \times \boxed{} = 18$

12. $2 \times \boxed{} = 16$

13. $\boxed{} \times 3 = 21$

14. $\boxed{} \times 7 = 42$

15. $\boxed{} \times 9 = 0$

16. $8 \times \boxed{} = 72$

17. $9 \times \boxed{} = 9$

18. $10 \times \boxed{} = 70$

생활 속 구구단 1

🐾 그림을 보고 ☐ 안에 알맞은 수를 쓰세요.

1 

$2 \times \boxed{} = \boxed{}$

젓가락 한 쌍은 **2**짝입니다.

젓가락 **7**쌍은 모두 ☐짝입니다.

2 

$6 \times \boxed{} = \boxed{}$

6조각으로 자른 피자가 **3**판 있습니다.

피자는 모두 ☐조각입니다.

3 

$5 \times \boxed{} = \boxed{}$

5개씩 묶여 있는 풍선이 **4**묶음 있습니다.

풍선은 모두 ☐개입니다.

4 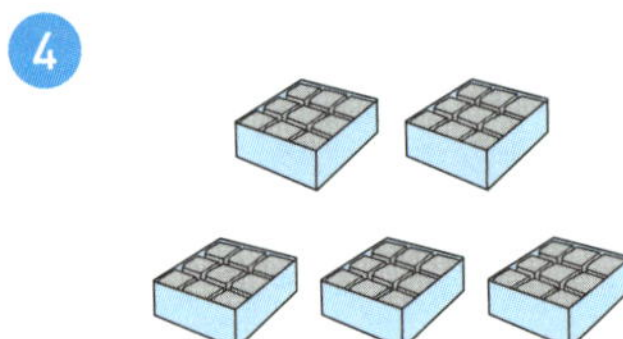

$9 \times \boxed{} = \boxed{}$

한 상자에 초콜릿이 **9**개씩 있습니다.

5상자에 있는 초콜릿은 모두 ☐개입니다.

학생들이 한 줄에 7명씩 줄을 서 있습니다. 6줄에 서 있는 학생은 모두 몇 명일까요?

학생들이 ☐명씩 줄을 서 있으므로 6줄에 서 있는 학생은 모두

$7 \times$ ☐ $=$ ☐ (명)입니다.

답 ____________

1 어항 한 개에 열대어가 3마리씩 있습니다. 어항 5개에 있는 열대어는 모두 몇 마리일까요?

2 바이올린의 줄은 4줄입니다. 7대의 바이올린의 줄을 모두 교체하려면 필요한 줄의 수는 몇 줄일까요?

3 보트 한 대에 어린이를 8명씩 태울 수 있습니다. 보트 9대에 태울 수 있는 어린이는 모두 몇 명일까요?

생활 속 구구단 2

예제 2

야구는 한 팀에 9명의 선수가 경기를 합니다. 야구 대회에 모두 45명이 참가했다면 야구 팀은 모두 몇 팀일까요?

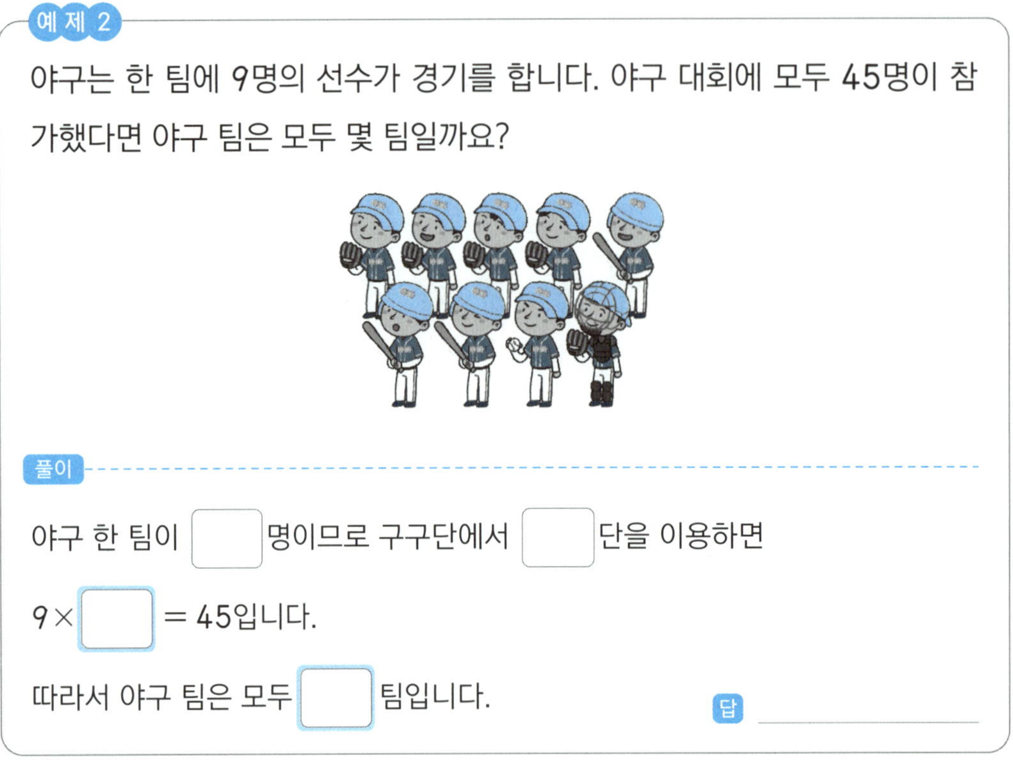

풀이

야구 한 팀이 ☐명이므로 구구단에서 ☐단을 이용하면

$9 \times$ ☐ $= 45$입니다.

따라서 야구 팀은 모두 ☐팀입니다.　　　　답 _______

---

1. 오리 한 마리의 다리는 2개입니다. 오리가 있는 농장의 다리 수를 세어 보니 모두 14개였다면 오리는 모두 몇 마리일까요?

2. 코스모스의 꽃잎은 8장입니다. 코스모스의 꽃잎이 모두 32장이라면 코스모스는 몇 송이일까요?

양은 한 발에 발가락이 2개씩이고, 오리는 한 발에 발가락이 3개씩입니다. 농장에 양과 오리가 각각 한 마리씩 있다면 양과 오리의 발가락 수는 모두 몇 개일까요?

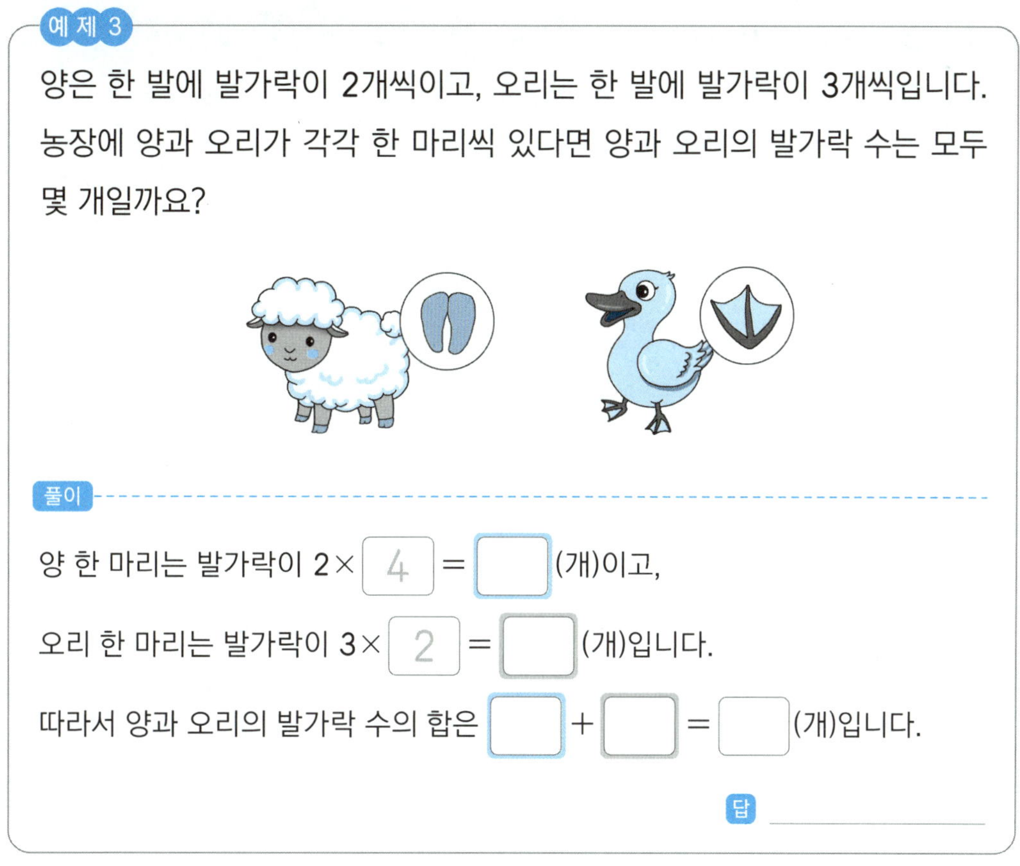

양 한 마리는 발가락이 2 × 　4　 = 　　 (개)이고,

오리 한 마리는 발가락이 3 × 　2　 = 　　 (개)입니다.

따라서 양과 오리의 발가락 수의 합은 　　 + 　　 = 　　 (개)입니다.

답 ____________________

1 진열대에 초코맛 우유는 4개씩 3줄, 딸기맛 우유는 4개씩 2줄이 진열되어 있습니다. 진열되어 있는 우유는 모두 몇 개일까요?

2 8봉지씩 들어 있는 젤리가 4박스, 3봉지씩 들어있는 사탕이 8박스 있습니다. 젤리와 사탕은 합하여 몇 봉지일까요?

 ## 왜 '이일단'이 아니라 '구구단'일까요?

옛날에 중국과 우리나라에서는 구구단을 입으로 외울 때, 9의 단의 맨 끝인 곱 '9×9=81(구 구 팔십일)'부터 '2×1=2(이 일은 이)'까지 외웠어요. 그런데 왜 하필 어려운 9단부터 외웠을까요?

옛날에는 구구단을 어린이가 아닌 어른이 배웠고, 그중에서도 귀족이나 왕실처럼 높은 계급 사람들만 배울 수 있었어요. 그 당시 계급이 높았던 사람들은 구구단의 편리함을 대중에게 널리 알려서는 안 된다고 생각했어요. 그래서 쉽게 익힐 수 있었던 구구단을 일부러 어렵게 느끼도록 '구 구 팔십일'부터 거꾸로 외웠다고 해요.
그래서 '구구단'이라는 이름이 붙여졌답니다. 지금 우리나라 교과서에서는 구구단을 '곱셈구구'라고 불러요.

• 맞힌 개수: ☐ 개
• 걸린 시간: ☐ 초

🐾 다음 계산을 하세요.

1. $3 \times 7 =$

2. $6 \times 4 =$

3. $2 \times 9 =$

4. $5 \times 8 =$

5. $1 \times 3 =$

6. $4 \times 9 =$

7. $7 \times 5 =$

8. $10 \times 2 =$

9. $9 \times 6 =$

10. $2 \times 8 =$

11. $0 \times 3 =$

12. $4 \times 7 =$

13. $7 \times 6 =$

14. $8 \times 4 =$

15. $5 \times 5 =$

16. $9 \times 3 =$

17. $6 \times 7 =$

18. $8 \times 9 =$

구구단 통과 문제 2

다음 계산을 하세요.

1 $0 \times 2 =$

2 $9 \times 2 =$

3 $6 \times 4 =$

4 $4 \times 7 =$

5 $2 \times 6 =$

6 $1 \times 5 =$

7 $8 \times 8 =$

8 $10 \times 5 =$

9 $7 \times 9 =$

10 $3 \times 5 =$

11 $5 \times 6 =$

12 $1 \times 7 =$

13 $10 \times 4 =$

14 $7 \times 2 =$

15 $4 \times 3 =$

16 $9 \times 6 =$

17 $6 \times 8 =$

18 $8 \times 7 =$

바쁜 초등학생을 위한 빠른 구구단

① 정답을 확인한 후 틀린 문제는 ☆표를 쳐 놓으세요~.

② 그런 다음 연습장에 틀린 문제를 옮겨 적으세요.

③ 그리고 그 문제들만 한 번 더 풀어 보세요.

시간은 얼마 걸리지 않아요. 그러나 이때 실력이 확 붙는 거예요.
아는 문제를 여러 번 다시 푸는 건 시간 낭비예요.
내가 틀린 문제만 모아서 풀면 아무리 바쁘더라도
수학 실력을 키울 수 있어요!

정답 ➡

2단 익히기 >>

01단계 ▶▶ 14쪽

같은 수를 여러 번 더하기	곱셈식으로 나타내기
2	2 × 1 = 2
2+2= 4	2 × 2 = 4
2+2+2= 6	2 × 3 = 6
2+2+2+2= 8	2 × 4 = 8
2+2+2+2+2= 10	2 × 5 = 10
2+2+2+2+2+2= 12	2 × 6 = 12
2+2+2+2+2+2+2= 14	2 × 7 = 14
2+2+2+2+2+2+2+2= 16	2 × 8 = 16
2+2+2+2+2+2+2+2+2= 18	2 × 9 = 18

01단계 ▶▶ 15쪽

① 2, 2, 4　　② 2×3=6　　③ 2×5=10
④ 2×8=16　　⑤ 2, 1, 2　　⑥ 2, 2, 2, 2, 8
⑦ 2+2+2+2+2+2=12
⑧ 2+2+2+2+2+2+2=14
⑨ 2+2+2+2+2+2+2+2+2=18

02단계 ▶▶ 16쪽

곱셈	몇 배	곱셈식
2×1	2의 1 배	2×1= 2
2×2	2의 2 배	2×2= 4
2×3	2의 3 배	2×3= 6
2×4	2의 4 배	2×4= 8
2×5	2의 5 배	2×5= 10
2×6	2의 6 배	2×6= 12
2×7	2의 7 배	2×7= 14
2×8	2의 8 배	2×8= 16
2×9	2 의 9 배	2×9= 18

02단계 ▶▶ 17쪽

① 2, 2, 4　　② 4, 4, 8　　③ 5, 5, 10
④ 7, 7, 14　　⑤ 9, 9, 18

03단계 ▶▶ 18쪽

2단	읽기	쓰기
2×1=2	이 일은 이	2×1=2
2×2=4	이 이는 사	2×2=4
2×3=6	이 삼은 육	2×3=6
2×4=8	이 사 팔	2×4=8
2×5=10	이 오 십	2×5=10
2×6=12	이 육 십이	2×6=12
2×7=14	이 칠 십사	2×7=14
2×8=16	이 팔 십육	2×8=16
2×9=18	이구 십팔	2×9=18

03단계 ▶▶ 19쪽

① 2, 1, 2　　② 2×5=10　　③ 2×7=14
④ 2×9=18　　⑤ 2×3=6　　⑥ 사
⑦ 팔　　⑧ 십육　　⑨ 십이

04단계 ▶▶ 20쪽

① 2 ② 4 ③ 6 ④ 8 ⑤ 10
⑥ 12 ⑦ 14 ⑧ 16 ⑨ 18 ⑩ 18
⑪ 16 ⑫ 14 ⑬ 12 ⑭ 10 ⑮ 8
⑯ 6 ⑰ 4 ⑱ 2

04단계 ▶▶ 21쪽

① 6 ② 2 ③ 14 ④ 18 ⑤ 10
⑥ 4 ⑦ 12 ⑧ 8 ⑨ 16 ⑩ 12
⑪ 16 ⑫ 14 ⑬ 18

05단계 ▶▶ 22쪽

①

×	1	2	3	4	5	6	7	8	9	10
2	2	4	6	8	10	12	14	16	18	20

②

×	10	9	8	7	6	5	4	3	2	1
2	20	18	16	14	12	10	8	6	4	2

③

×	9	5	1	8	4	2	3	7	6	10
2	18	10	2	16	8	4	6	14	12	20

④

×	3	5	1	10	8	2	9	7	4	6
2	6	10	2	20	16	4	18	14	8	12

05단계 ▶▶ 23쪽

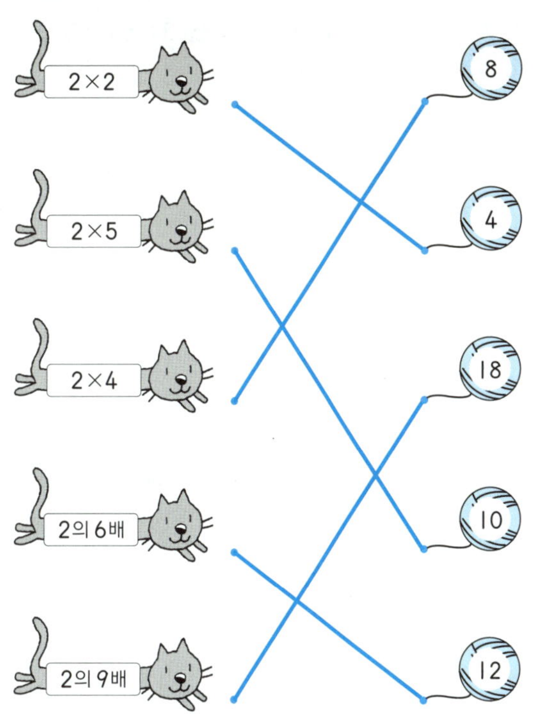

3단 익히기 >>

06단계 ▶▶ 24쪽

같은 수를 여러 번 더하기	곱셈식으로 나타내기
3	3 × 1 = 3
3+3= 6	3 × 2 = 6
3+3+3= 9	3 × 3 = 9
3+3+3+3= 12	3 × 4 = 12
3+3+3+3+3= 15	3 × 5 = 15
3+3+3+3+3+3= 18	3 × 6 = 18
3+3+3+3+3+3+3= 21	3 × 7 = 21
3+3+3+3+3+3+3+3= 24	3 × 8 = 24
3+3+3+3+3+3+3+3+3= 27	3 × 9 = 27

06단계 ▶▶ 25쪽

① 3, 3, 9　　② 3, 1, 3　　③ 3×5=15

④ 3×7=21　　⑤ 3×8=24　　⑥ 3, 3, 6

⑦ 3+3+3+3=12

⑧ 3+3+3+3+3+3=18

⑨ 3+3+3+3+3+3+3+3+3=27

07단계 ▶▶ 26쪽

곱셈	몇 배	곱셈식
3×1	3의 1 배	3×1= 3
3×2	3의 2 배	3×2= 6
3×3	3의 3 배	3×3= 9
3×4	3의 4 배	3×4= 12
3×5	3의 5 배	3×5= 15
3×6	3의 6 배	3×6= 18
3×7	3의 7 배	3×7= 21
3×8	3의 8 배	3×8= 24
3×9	3 의 9 배	3×9= 27

07단계 ▶▶ 27쪽

① 2, 2, 6　　② 1, 1, 3　　③ 5, 5, 15

④ 7, 7, 21　　⑤ 4, 4, 12

08단계 ▶▶ 28쪽

3단	읽기	쓰기
3×1=3	삼 일은 삼	3×1=3
3×2=6	삼 이 육	3×2=6
3×3=9	삼 삼은 구	3×3=9

3×4=12	삼 사 십이	3×4=12
3×5=15	삼 오 십오	3×5=15
3×6=18	삼 육 십팔	3×6=18
3×7=21	삼 칠 이십일	3×7=21
3×8=24	삼 팔 이십사	3×8=24
3×9=27	삼 구 이십칠	3×9=27

08단계 ▶▶ 29쪽

① 3, 3, 9　　② 3×5=15　　③ 3×7=21

④ 3×8=24　　⑤ 3×9=27　　⑥ 삼

⑦ 육　　⑧ 십이　　⑨ 십팔

09단계 ▶▶ 30쪽

① 3　　② 6　　③ 9　　④ 12　　⑤ 15

⑥ 18　　⑦ 21　　⑧ 24　　⑨ 27　　⑩ 27

⑪ 24　　⑫ 21　　⑬ 18　　⑭ 15　　⑮ 12

⑯ 9　　⑰ 6　　⑱ 3

09단계 ▶▶ 31쪽

① 6　　② 12　　③ 15　　④ 24　　⑤ 3

⑥ 27　　⑦ 18　　⑧ 9　　⑨ 21　　⑩ 21

⑪ 24　　⑫ 18　　⑬ 27

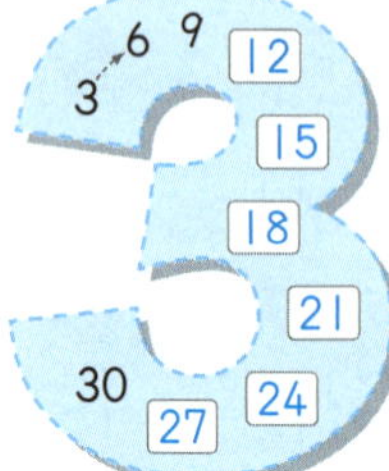

10단계 ▶▶ 32쪽

①
×	1	2	3	4	5	6	7	8	9	10
3	3	6	9	12	15	18	21	24	27	30

②
×	10	9	8	7	6	5	4	3	2	1
3	30	27	24	21	18	15	12	9	6	3

③
×	6	4	1	7	3	5	9	2	8	10
3	18	12	3	21	9	15	27	6	24	30

④
×	3	2	6	10	1	5	9	4	8	7
3	9	6	18	30	3	15	27	12	24	21

10단계 ▶▶ 33쪽

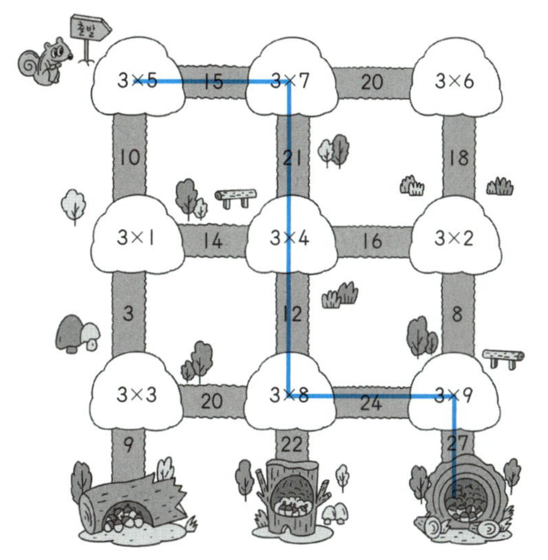

4단 익히기 >>

11단계 ▶▶ 34쪽

같은 수를 여러 번 더하기	곱셈식으로 나타내기
4	4 × 1 = 4
4+4= 8	4 × 2 = 8
4+4+4= 12	4 × 3 = 12

4+4+4+4= 16	4 × 4 = 16
4+4+4+4+4= 20	4 × 5 = 20
4+4+4+4+4+4= 24	4 × 6 = 24
4+4+4+4+4+4+4= 28	4 × 7 = 28
4+4+4+4+4+4+4+4= 32	4 × 8 = 32
4+4+4+4+4+4+4+4+4= 36	4 × 9 = 36

11단계 ▶▶ 35쪽

① 4, 2, 8　　② 4×4=16　　③ 4×6=24

④ 4×7=28　　⑤ 4, 1, 4　　⑥ 4, 4, 4, 12

⑦ 4+4+4+4+4+4+4+4=32

⑧ 4+4+4+4+4=20

⑨ 4+4+4+4+4+4+4+4+4=36

12단계 ▶▶ 36쪽

곱셈	몇 배	곱셈식
4×1	4의 1 배	4×1= 4
4×2	4의 2 배	4×2= 8
4×3	4의 3 배	4×3= 12
4×4	4의 4 배	4×4= 16
4×5	4의 5 배	4×5= 20
4×6	4의 6 배	4×6= 24
4×7	4의 7 배	4×7= 28
4×8	4의 8 배	4×8= 32
4×9	4의 9배	4×9= 36

12단계 ▶▶ 37쪽

① 3, 12　　② 5, 20　　③ 6, 24　　④ 8, 32

13단계 ▶▶ 38쪽

4단	읽기	쓰기
4×1=4	사 일은 사	4×1=4
4×2=8	사 이 팔	4×2=8
4×3=12	사 삼 십이	4×3=12
4×4=16	사 사 십육	4×4=16
4×5=20	사 오 이십	4×5=20
4×6=24	사 육 이십사	4×6=24
4×7=28	사 칠 이십팔	4×7=28
4×8=32	사 팔 삼십이	4×8=32
4×9=36	사 구 삼십육	4×9=36

13단계 ▶▶ 39쪽

① 4, 5, 20 ② 4×8=32 ③ 4×9=36
④ 4×1=4 ⑤ 4×3=12 ⑥ 십육
⑦ 이십팔 ⑧ 이십사 ⑨ 팔

14단계 ▶▶ 40쪽

① 4 ② 8 ③ 12 ④ 16 ⑤ 20
⑥ 24 ⑦ 28 ⑧ 32 ⑨ 36 ⑩ 36
⑪ 32 ⑫ 28 ⑬ 24 ⑭ 20 ⑮ 16
⑯ 12 ⑰ 8 ⑱ 4

14단계 ▶▶ 41쪽

① 20 ② 4 ③ 16
④ 32 ⑤ 24 ⑥ 28
⑦ 8 ⑧ 12 ⑨ 36
⑩ 16 ⑪ 28 ⑫ 24
⑬ 32

15단계 ▶▶ 42쪽

①
×	1	2	3	4	5	6	7	8	9	10
4	4	8	12	16	20	24	28	32	36	40

②
×	10	9	8	7	6	5	4	3	2	1
4	40	36	32	28	24	20	16	12	8	4

③
×	5	7	1	6	2	9	8	3	4	10
4	20	28	4	24	8	36	32	12	16	40

④
×	4	7	9	5	1	3	8	10	2	6
4	16	28	36	20	4	12	32	40	8	24

15단계 ▶▶ 43쪽

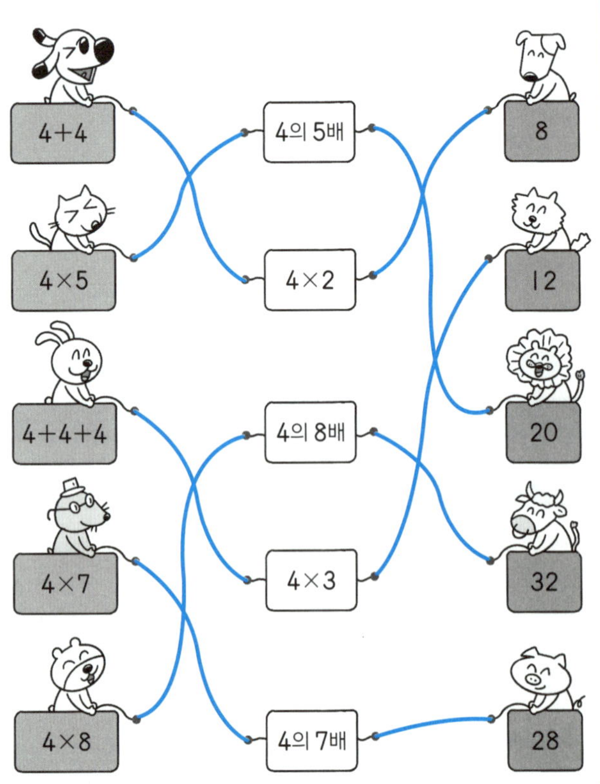

16단계 ▶▶ 44쪽

같은 수를 여러 번 더하기	곱셈식으로 나타내기
5	5 × 1 = 5
5+5= 10	5 × 2 = 10
5+5+5= 15	5 × 3 = 15
5+5+5+5= 20	5 × 4 = 20
5+5+5+5+5= 25	5 × 5 = 25
5+5+5+5+5+5= 30	5 × 6 = 30
5+5+5+5+5+5+5= 35	5 × 7 = 35
5+5+5+5+5+5+5+5= 40	5 × 8 = 40
5+5+5+5+5+5+5+5+5= 45	5 × 9 = 45

16단계 ▶▶ 45쪽

① 5, 2, 10 ② 5, 1, 5 ③ 5×6=30
④ 5×7=35 ⑤ 5×8=40 ⑥ 5, 5, 5, 15
⑦ 5+5+5+5+5=25
⑧ 5+5+5+5=20
⑨ 5+5+5+5+5+5+5+5+5=45

17단계 ▶▶ 46쪽

곱셈	몇 배	곱셈식
5×1	5의 1 배	5×1= 5
5×2	5의 2 배	5×2= 10
5×3	5의 3 배	5×3= 15
5×4	5의 4 배	5×4= 20
5×5	5의 5 배	5×5= 25
5×6	5의 6 배	5×6= 30
5×7	5의 7 배	5×7= 35
5×8	5의 8 배	5×8= 40
5×9	5의 9배	5×9= 45

17단계 ▶▶ 47쪽

① 2, 10 ② 3, 15 ③ 5, 25 ④ 9, 45

18단계 ▶▶ 48쪽

5단	읽기	쓰기
5×1=5	오 일은 오	5×1=5
5×2=10	오 이 십	5×2=10
5×3=15	오 삼 십오	5×3=15
5×4=20	오 사 이십	5×4=20
5×5=25	오 오 이십오	5×5=25
5×6=30	오 육 삼십	5×6=30
5×7=35	오 칠 삼십오	5×7=35
5×8=40	오 팔 사십	5×8=40
5×9=45	오 구 사십오	5×9=45

18단계 ▶▶ 49쪽

① 5, 1, 5 ② 5×2=10 ③ 5×4=20
④ 5×7=35 ⑤ 5×9=45 ⑥ 십오
⑦ 이십오 ⑧ 삼십 ⑨ 사십

 정답 ➡

19단계 ▶▶ 50쪽

① 5   ② 10   ③ 15   ④ 20   ⑤ 25
⑥ 30   ⑦ 35   ⑧ 40   ⑨ 45   ⑩ 45
⑪ 40   ⑫ 35   ⑬ 30   ⑭ 25   ⑮ 20
⑯ 15   ⑰ 10   ⑱ 5

19단계 ▶▶ 51쪽

① 25   ② 35   ③ 10   ④ 5   ⑤ 30
⑥ 40   ⑦ 45   ⑧ 15   ⑨ 20   ⑩ 30
⑪ 45   ⑫ 40   ⑬ 35

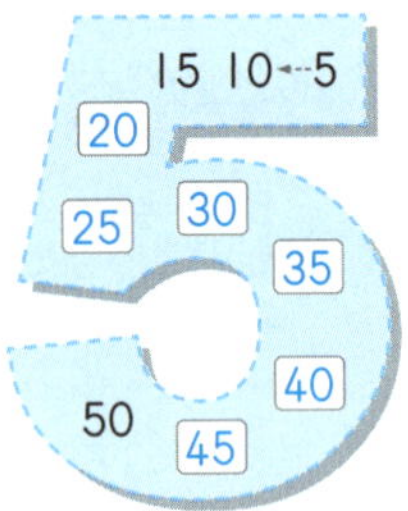

20단계 ▶▶ 52쪽

①

×	1	2	3	4	5	6	7	8	9	10
5	5	10	15	20	25	30	35	40	45	50

②

×	10	9	8	7	6	5	4	3	2	1
5	50	45	40	35	30	25	20	15	10	5

③

×	8	6	4	2	9	7	5	3	1	10
5	40	30	20	10	45	35	25	15	5	50

④

×	1	10	2	9	3	7	4	6	5	8
5	5	50	10	45	15	35	20	30	25	40

20단계 ▶▶ 53쪽

2~5단 익히기 ▶▶

21단계 ▶▶ 54쪽

① 8   ② 10   ③ 12   ④ 6   ⑤ 20
⑥ 16   ⑦ 6   ⑧ 16   ⑨ 15   ⑩ 18
⑪ 21   ⑫ 28   ⑬ 24   ⑭ 36   ⑮ 30
⑯ 35   ⑰ 24   ⑱ 15

21단계 ▶▶ 55쪽

① 12   ② 9   ③ 18   ④ 15   ⑤ 25
⑥ 45   ⑦ 14   ⑧ 27   ⑨ 20   ⑩ 24
⑪ 28   ⑫ 32   ⑬ 35   ⑭ 27   ⑮ 24

22단계 ▶▶ 56쪽

① 12   ② 24   ③ 30   ④ 28   ⑤ 15
⑥ 45   ⑦ 16   ⑧ 14   ⑨ 18   ⑩ 12
⑪ 16   ⑫ 36   ⑬ 10   ⑭ 27   ⑮ 12
⑯ 32   ⑰ 21   ⑱ 40

22단계 ▶▶ 57쪽

① 25   ② 24   ③ 9   ④ 18   ⑤ 14
⑥ 20   ⑦ 15   ⑧ 8   ⑨ 30   ⑩ 27
⑪ 36   ⑫ 35   ⑬ 32   ⑭ 16   ⑮ 28

23단계 ▶▶ 58쪽

2단		3단		4단		5단	
1	2	1	3	1	4	1	5
2	4	2	6	2	8	2	10
3	6	3	9	3	12	3	15
4	8	4	12	4	16	4	20
5	10	5	15	5	20	5	25
6	12	6	18	6	24	6	30
7	14	7	21	7	28	7	35
8	16	8	24	8	32	8	40
9	18	9	27	9	36	9	45

23단계 ▶▶ 59쪽

2단		3단		4단		5단	
9	18	9	27	9	36	9	45
8	16	8	24	8	32	8	40
7	14	7	21	7	28	7	35
6	12	6	18	6	24	6	30
5	10	5	15	5	20	5	25
4	8	4	12	4	16	4	20
3	6	3	9	3	12	3	15

2	4	2	6	2	8	2	10
1	2	1	3	1	4	1	5

24단계 ▶▶ 60쪽

×	1	2	3	4	5	6	7	8	9
2	2	4	6	8	10	12	14	16	18
3	6		12		18		24		
4	4	8	12	16	20	24	28	32	36
5	10		20		30		40		

24단계 ▶▶ 61쪽

①

×	5	2	1	8	4	7	9	3	6
2	10	4	2	16	8	14	18	6	12

②

×	1	9	7	5	2	3	6	8	4
3	3	27	21	15	6	9	18	24	12

③

×	4	5	3	9	7	1	2	6	8
4	16	20	12	36	28	4	8	24	32

④

×	3	5	7	9	1	2	4	6	8
5	15	25	35	45	5	10	20	30	40

25단계 ▶▶62쪽

×	1	2	3	4	5	6	7	8	9	10
2 ···▶	2	4	6	8	10	12	14	16	18	20

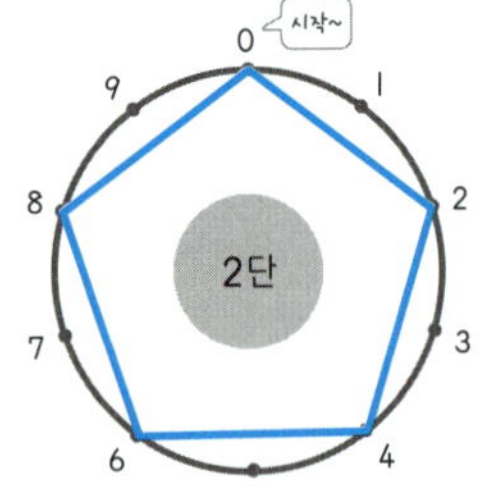

규칙 0, 2, 4, 6, 8, 0,

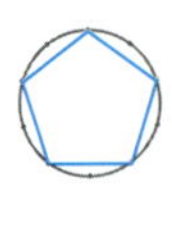

25단계 ▶▶63쪽

×	1	2	3	4	5	6	7	8	9	10
3 ···▶	3	6	9	12	15	18	21	24	27	30

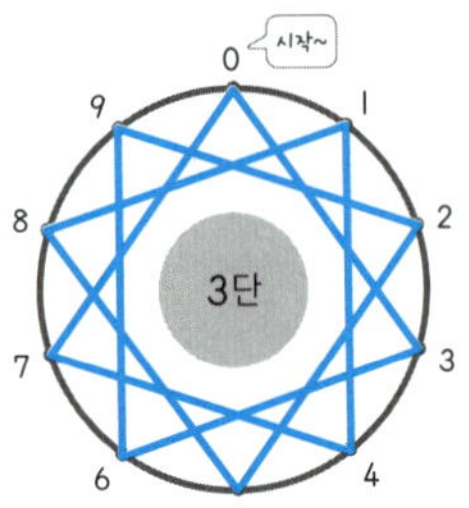

규칙 

26단계 ▶▶64쪽

×	1	2	3	4	5	6	7	8	9	10
4 ···▶	4	8	12	16	20	24	28	32	36	40

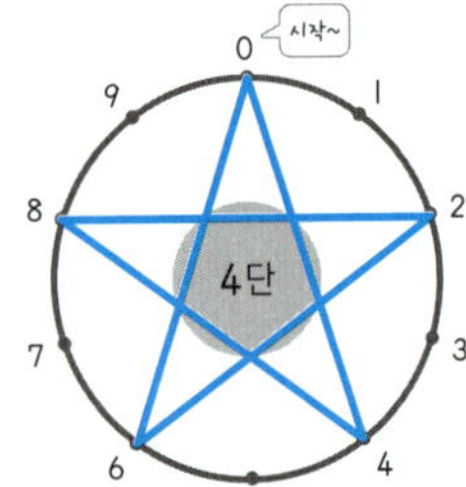

규칙 0, 4, 8, 2, 6, 0,

26단계 ▶▶65쪽

×	1	2	3	4	5	6	7	8	9	10
5 ···▶	5	10	15	20	25	30	35	40	45	50

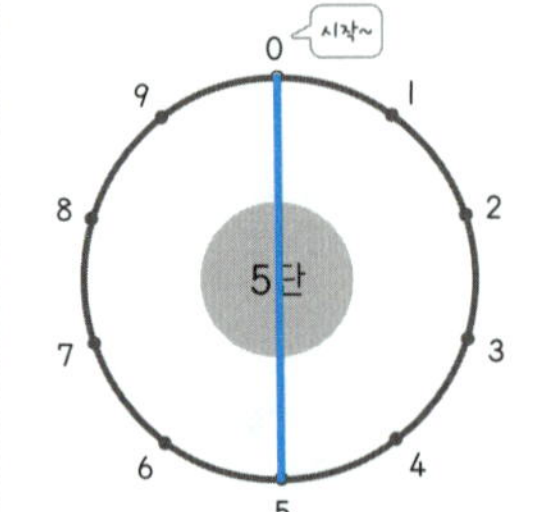

규칙 0, 5,

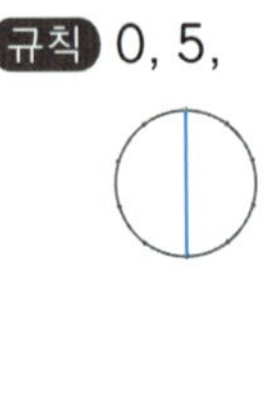

6단 익히기 ⟫

27단계 ▶▶68쪽

같은 수를 여러 번 더하기	곱셈식으로 나타내기
6	6 × 1 = 6
6+6= 12	6 × 2 = 12
6+6+6= 18	6 × 3 = 18
6+6+6+6= 24	6 × 4 = 24
6+6+6+6+6= 30	6 × 5 = 30
6+6+6+6+6+6= 36	6 × 6 = 36
6+6+6+6+6+6+6= 42	6 × 7 = 42
6+6+6+6+6+6+6+6= 48	6 × 8 = 48
6+6+6+6+6+6+6+6+6= 54	6 × 9 = 54

27단계 ▶▶69쪽

① 6, 3, 18   ② 6×4=24   ③ 6, 1, 6

④ 6×7=42   ⑤ 6×8=48   ⑥ 6, 6, 12

⑦ 6+6+6+6+6+6+6+6+6=54

⑧ 6+6+6+6+6=30

⑨ 6+6+6+6+6+6=36

28단계 ▶ 70쪽

곱셈	몇 배	곱셈식
6×1	6의 1 배	6×1= 6
6×2	6의 2 배	6×2= 12
6×3	6의 3 배	6×3= 18
6×4	6의 4 배	6×4= 24
6×5	6의 5 배	6×5= 30
6×6	6의 6 배	6×6= 36
6×7	6의 7 배	6×7= 42
6×8	6 의 8 배	6×8= 48
6×9	6 의 9 배	6×9= 54

28단계 ▶ 71쪽

① 1, 1, 6 ② 4, 4, 24 ③ 7, 7, 42
④ 9, 9, 54

29단계 ▶ 72쪽

6단	읽기	쓰기
6×1=6	육 일은 육	6×1=6
6×2=12	육 이 십이	6×2=12
6×3=18	육 삼 십팔	6×3=18
6×4=24	육 사 이십사	6×4=24
6×5=30	육 오 삼십	6×5=30
6×6=36	육 육 삼십육	6×6=36
6×7=42	육 칠 사십이	6×7=42
6×8=48	육 팔 사십팔	6×8=48
6×9=54	육 구 오십사	6×9=54

29단계 ▶ 73쪽

① 6, 1, 6 ② 6×3=18 ③ 6×4=24
④ 6×8=48 ⑤ 6×7=42 ⑥ 십이
⑦ 삼십 ⑧ 삼십육 ⑨ 오십사

30단계 ▶ 74쪽

① 6 ② 12 ③ 18 ④ 24 ⑤ 30
⑥ 36 ⑦ 42 ⑧ 48 ⑨ 54 ⑩ 54
⑪ 48 ⑫ 42 ⑬ 36 ⑭ 30 ⑮ 24
⑯ 18 ⑰ 12 ⑱ 6

30단계 ▶ 75쪽

① 12 ② 6 ③ 24 ④ 54 ⑤ 30
⑥ 18 ⑦ 48 ⑧ 42 ⑨ 36 ⑩ 24
⑪ 42 ⑫ 54 ⑬ 48

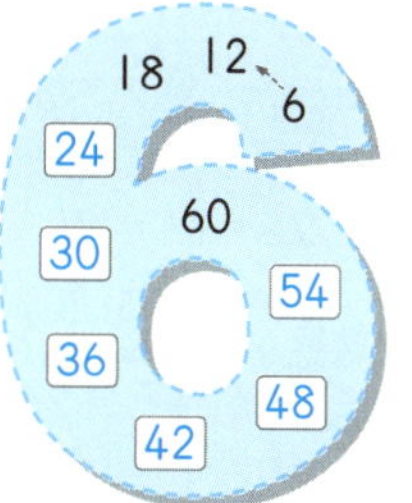

31단계 ▶ 76쪽

①

×	1	2	3	4	5	6	7	8	9	10
6	6	12	18	24	30	36	42	48	54	60

②

×	10	9	8	7	6	5	4	3	2	1
6	60	54	48	42	36	30	24	18	12	6

③

×	6	5	2	8	4	1	3	9	7	10
6	36	30	12	48	24	6	18	54	42	60

④

×	3	5	10	1	2	8	9	7	6	4
6	18	30	60	6	12	48	54	42	36	24

31단계 ▶▶ 77쪽

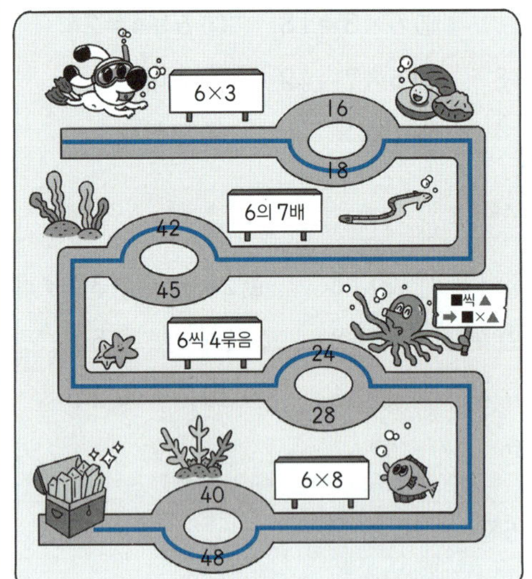

7단 익히기 ≫

32단계 ▶▶ 78쪽

같은 수를 여러 번 더하기	곱셈식으로 나타내기
7	7× 1 = 7
7+7= 14	7× 2 = 14
7+7+7= 21	7× 3 = 21
7+7+7+7= 28	7× 4 = 28
7+7+7+7+7= 35	7× 5 = 35
7+7+7+7+7+7= 42	7× 6 = 42
7+7+7+7+7+7+7= 49	7× 7 = 49
7+7+7+7+7+7+7+7= 56	7 × 8 = 56
7+7+7+7+7+7+7+7+7= 63	7 × 9 = 63

32단계 ▶▶ 79쪽

① 7, 4, 28　　② 7×3=21　　③ 7×5=35
④ 7×9=63　　⑤ 7, 1, 7　　⑥ 7, 7, 14

⑦ 7+7+7+7+7+7=42

⑧ 7+7+7+7+7+7+7=49

⑨ 7+7+7+7+7+7+7+7=56

33단계 ▶▶ 80쪽

곱셈	몇 배	곱셈식
7×1	7의 1 배	7×1= 7
7×2	7의 2 배	7×2= 14
7×3	7의 3 배	7×3= 21
7×4	7의 4 배	7×4= 28
7×5	7의 5 배	7×5= 35
7×6	7의 6 배	7×6= 42
7×7	7의 7 배	7×7= 49
7×8	7 의 8 배	7×8= 56
7×9	7 의 9 배	7×9= 63

33단계 ▶▶ 81쪽

① 1, 1, 7　　② 3, 3, 21　　③ 5, 5, 35
④ 2, 2, 14　　⑤ 6, 6, 42

34단계 ▶▶ 82쪽

7단	읽기	쓰기
7×1=7	칠 일은 칠	7×1=7
7×2=14	칠 이 십사	7×2=14
7×3=21	칠 삼 이십일	7×3=21
7×4=28	칠 사 이십팔	7×4=28
7×5=35	칠 오 삼십오	7×5=35
7×6=42	칠 육 사십이	7×6=42

7×7=49	칠 칠 사십구	7×7=49
7×8=56	칠 팔 오십육	7×8=56
7×9=63	칠 구 육십삼	7×9=63

34단계 ▸▸ 83쪽

① 7, 5, 35 ② 7×1=7 ③ 7×9=63

④ 7×6=42 ⑤ 7×4=28 ⑥ 십사

⑦ 이십일 ⑧ 사십구 ⑨ 오십육

35단계 ▸▸ 84쪽

① 7 ② 14 ③ 21 ④ 28 ⑤ 35

⑥ 42 ⑦ 49 ⑧ 56 ⑨ 63 ⑩ 63

⑪ 56 ⑫ 49 ⑬ 42 ⑭ 35 ⑮ 28

⑯ 21 ⑰ 14 ⑱ 7

35단계 ▸▸ 85쪽

① 7 ② 21 ③ 35

④ 49 ⑤ 14 ⑥ 63

⑦ 42 ⑧ 28 ⑨ 56

⑩ 56 ⑪ 28 ⑫ 42

⑬ 63

36단계 ▸▸ 86쪽

①

×	1	2	3	4	5	6	7	8	9	10
7	7	14	21	28	35	42	49	56	63	70

②

×	10	9	8	7	6	5	4	3	2	1
7	70	63	56	49	42	35	28	21	14	7

③

×	2	6	8	5	3	9	4	1	7	10
7	14	42	56	35	21	63	28	7	49	70

④

×	6	5	2	10	1	3	9	8	4	7
7	42	35	14	70	7	21	63	56	28	49

36단계 ▸▸ 87쪽

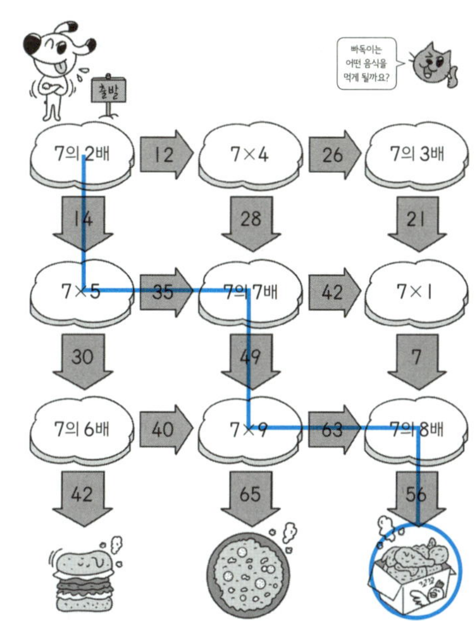

37단계 ▸▸ 88쪽

같은 수를 여러 번 더하기	곱셈식으로 나타내기	
8	8 × 1 = 8	
8+8=16	8 × 2 = 16	
8+8+8=24	8 × 3 = 24	
8+8+8+8=32	8 × 4 = 32	
8+8+8+8+8=40	8 × 5 = 40	
8+8+8+8+8+8=48	8 × 6 = 48	
8+8+8+8+8+8+8=56	8 × 7 = 56	
8+8+8+8+8+8+8+8=64	8 × 8 = 64	
8+8+8+8+8+8+8+8+8=72	8 × 9 = 72	

37단계 ▶▶89쪽

① 8, 3, 24   ② 8×2=16   ③ 8×5=40
④ 8×8=64   ⑤ 8, 1, 8   ⑥ 8, 8, 8, 8, 32
⑦ 8+8+8+8+8+8+8=56
⑧ 8+8+8+8+8+8+8+8+8=72
⑨ 8+8+8+8+8+8=48

38단계 ▶▶90쪽

곱셈	몇 배	곱셈식
8×1	8의 1 배	8×1= 8
8×2	8의 2 배	8×2= 16
8×3	8의 3 배	8×3= 24
8×4	8의 4 배	8×4= 32
8×5	8의 5 배	8×5= 40
8×6	8의 6 배	8×6= 48
8×7	8의 7 배	8×7= 56
8×8	8 의 8 배	8×8= 64
8×9	8의 9배	8×9= 72

38단계 ▶▶91쪽

① 2, 16   ② 4, 32   ③ 7, 56   ④ 9, 72

39단계 ▶▶92쪽

8단	읽기	쓰기
8×1=8	팔 일은 팔	8×1=8
8×2=16	팔 이 십육	8×2=16
8×3=24	팔 삼 이십사	8×3=24
8×4=32	팔 사 삼십이	8×4=32

8×5=40	팔 오 사십	8×5=40
8×6=48	팔 육 사십팔	8×6=48
8×7=56	팔 칠 오십육	8×7=56
8×8=64	팔 팔 육십사	8×8=64
8×9=72	팔구 칠십이	8×9=72

39단계 ▶▶93쪽

① 8, 6, 48   ② 8×2=16   ③ 8×8=64
④ 8×7=56   ⑤ 8×3=24   ⑥ 팔
⑦ 삼십이   ⑧ 사십   ⑨ 칠십이

40단계 ▶▶94쪽

① 8   ② 16   ③ 24   ④ 32   ⑤ 40
⑥ 48   ⑦ 56   ⑧ 64   ⑨ 72   ⑩ 72
⑪ 64   ⑫ 56   ⑬ 48   ⑭ 40   ⑮ 32
⑯ 24   ⑰ 16   ⑱ 8

40단계 ▶▶95쪽

① 16   ② 8   ③ 32
④ 56   ⑤ 48   ⑥ 64
⑦ 24   ⑧ 40   ⑨ 72
⑩ 48   ⑪ 32   ⑫ 56
⑬ 72

41단계 ▶▶96쪽

①

×	1	2	3	4	5	6	7	8	9	10
8	8	16	24	32	40	48	56	64	72	80

②

×	10	9	8	7	6	5	4	3	2	1
8	80	72	64	56	48	40	32	24	16	8

③

×	5	7	9	1	3	2	4	6	8	10
8	40	56	72	8	24	16	32	48	64	80

④

×	4	7	9	5	1	3	8	10	2	6
8	32	56	72	40	8	24	64	80	16	48

41단계 ▶▶ 97쪽

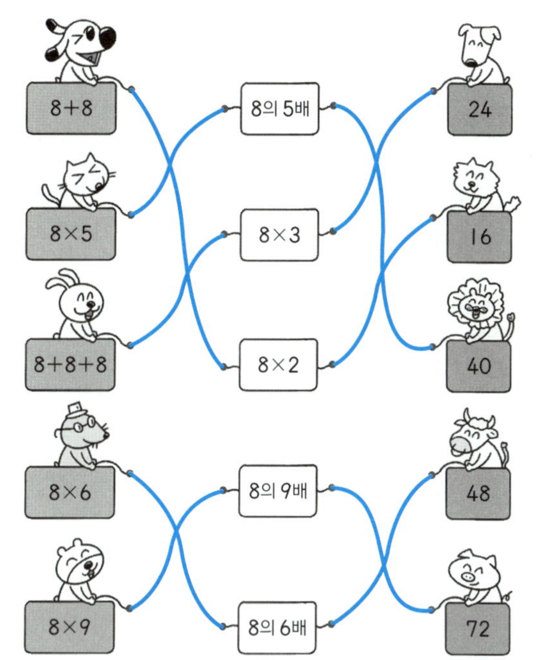

9단 익히기 >>

42단계 ▶▶ 98쪽

같은 수를 여러 번 더하기	곱셈식으로 나타내기
9	9 × 1 = 9
9+9=18	9 × 2 = 18
9+9+9=27	9 × 3 = 27
9+9+9+9=36	9 × 4 = 36
9+9+9+9+9=45	9 × 5 = 45

9+9+9+9+9+9=54	9 × 6 = 54
9+9+9+9+9+9+9=63	9 × 7 = 63
9+9+9+9+9+9+9+9=72	9 × 8 = 72
9+9+9+9+9+9+9+9+9=81	9 × 9 = 81

42단계 ▶▶ 99쪽

① 9, 2, 18　　② 9, 1, 9　　③ 9×8=72

④ 9×6=54　　⑤ 9×4=36　　⑥ 9, 9, 9, 27

⑦ 9+9+9+9+9+9+9=63

⑧ 9+9+9+9+9=45

⑨ 9+9+9+9+9+9+9+9+9=81

43단계 ▶▶ 100쪽

곱셈	몇 배	곱셈식
9×1	9의 1 배	9×1= 9
9×2	9의 2 배	9×2= 18
9×3	9의 3 배	9×3= 27
9×4	9의 4 배	9×4= 36
9×5	9의 5 배	9×5= 45
9×6	9의 6 배	9×6= 54
9×7	9의 7 배	9×7= 63
9×8	9 의 8 배	9×8= 72
9×9	9의 9배	9×9= 81

43단계 ▶▶ 101쪽

① 4, 36　　② 5, 45　　③ 3, 27　　④ 8, 72

44단계 ▶▶ 102쪽

9단	읽기	쓰기
9×1=9	구 일은 구	9×1=9
9×2=18	구 이 십팔	9×2=18
9×3=27	구 삼 이십칠	9×3=27
9×4=36	구 사 삼십육	9×4=36
9×5=45	구 오 사십오	9×5=45
9×6=54	구 육 오십사	9×6=54
9×7=63	구 칠 육십삼	9×7=63
9×8=72	구 팔 칠십이	9×8=72
9×9=81	구 구 팔십일	9×9=81

44단계 ▶▶ 103쪽

① 9, 1, 9 ② 9×2=18 ③ 9×7=63
④ 9×4=36 ⑤ 9×5=45 ⑥ 이십칠
⑦ 오십사 ⑧ 칠십이 ⑨ 팔십일

45단계 ▶▶ 104쪽

① 9 ② 18 ③ 27 ④ 36 ⑤ 45
⑥ 54 ⑦ 63 ⑧ 72 ⑨ 81 ⑩ 81
⑪ 72 ⑫ 63 ⑬ 54 ⑭ 45 ⑮ 36
⑯ 27 ⑰ 18 ⑱ 9

45단계 ▶▶ 105쪽

① 18 ② 9 ③ 63
④ 36 ⑤ 54 ⑥ 27
⑦ 45 ⑧ 81 ⑨ 72
⑩ 63 ⑪ 45 ⑫ 54
⑬ 72

46단계 ▶▶ 106쪽

①

×	1	2	3	4	5	6	7	8	9	10
9	9	18	27	36	45	54	63	72	81	90

②

×	10	9	8	7	6	5	4	3	2	1
9	90	81	72	63	54	45	36	27	18	9

③

×	3	5	6	8	9	1	4	2	7	10
9	27	45	54	72	81	9	36	18	63	90

④

×	1	10	2	9	3	7	8	6	5	4
9	9	90	18	81	27	63	72	54	45	36

46단계 ▶▶ 107쪽

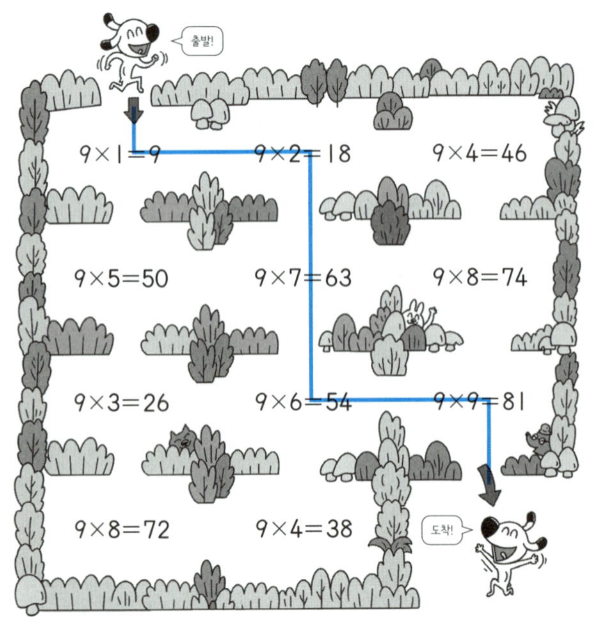

1단 익히기 >>

47단계 ▶ 108쪽

같은 수를 여러 번 더하기	1단
1	1 × 1 = 1
1+1= 2	1 × 2 = 2
1+1+1= 3	1 × 3 = 3
1+1+1+1= 4	1 × 4 = 4
1+1+1+1+1= 5	1 × 5 = 5
1+1+1+1+1+1= 6	1 × 6 = 6
1+1+1+1+1+1+1= 7	1 × 7 = 7
1+1+1+1+1+1+1+1= 8	1 × 8 = 8
1+1+1+1+1+1+1+1+1= 9	1 × 9 = 9

47단계 ▶ 109쪽

① 1, 2, 2 ② 1, 4, 4 ③ 1, 8, 8
④ 6, 6 ⑤ 9, 9 ⑥ 4
⑦ 3 ⑧ 7 ⑨ 5

10단 익히기 >>

48단계 ▶ 110쪽

같은 수를 여러 번 더하기	곱셈식으로 나타내기
10	10 × 1 = 10
10+10	10 × 2 = 20
10+10+10	10 × 3 = 30
10+10+10+10	10 × 4 = 40
10+10+10+10+10	10 × 5 = 50
10+10+10+10+10+10	10 × 6 = 60
10+10+10+10+10+10+10	10 × 7 = 70
10+10+10+10+10+10+10+10	10 × 8 = 80
10+10+10+10+10+10+10+10+10	10 × 9 = 90

48단계 ▶ 111쪽

① 10, 2, 20 ② 10, 4, 40 ③ 10, 6, 60
④ 5, 50 ⑤ 8, 80 ⑥ 10
⑦ 30 ⑧ 70 ⑨ 90

0단 익히기 >>

49단계 ▶ 112쪽

빈 접시의 개수	딸기의 개수(0단)
	0 × 1 = 0
	0 × 2 = 0
	0 × 3 = 0
	0 × 4 = 0
	0 × 5 = 0
	0 × 6 = 0
	0 × 7 = 0
	0 × 8 = 0
	0 × 9 = 0

49단계 ▶ 113쪽

① 0, 1, 0 ② 0, 2, 0 ③ 0, 5, 0
④ 3, 0 ⑤ 8, 0 ⑥ 0
⑦ 0 ⑧ 0 ⑨ 0

50단계 ▶▶ 114쪽

① 0	② 2	③ 0	④ 9	⑤ 5
⑥ 1	⑦ 0	⑧ 20	⑨ 90	⑩ 0
⑪ 4	⑫ 60	⑬ 70	⑭ 50	⑮ 8
⑯ 0	⑰ 30	⑱ 40		

50단계 ▶▶ 115쪽

① 30	② 90	③ 9	④ 0	⑤ 6
⑥ 10	⑦ 80	⑧ 0	⑨ 0	⑩ 50
⑪ 4	⑫ 3	⑬ 0	⑭ 20	⑮ 7
⑯ 5	⑰ 40	⑱ 0		

51단계 ▶▶ 116쪽

①

×	1	2	3	4	5	6	7	8	9
1	1	2	3	4	5	6	7	8	9

②

×	1	2	3	4	5	6	7	8	9
10	10	20	30	40	50	60	70	80	90

③

×	3	2	1	4	7	6	9	8	5
10	30	20	10	40	70	60	90	80	50
0	0	0	0	0	0	0	0	0	0
1	3	2	1	4	7	6	9	8	5

51단계 ▶▶ 117쪽

① 0	② 4	③ 20	④ 0	⑤ 6
⑥ 50	⑦ 7	⑧ 0	⑨ 9	⑩ 80

52단계 ▶▶ 118쪽

① 12	② 28	③ 24	④ 36	⑤ 50
⑥ 0	⑦ 40	⑧ 42	⑨ 36	⑩ 18
⑪ 49	⑫ 45	⑬ 72	⑭ 35	⑮ 48
⑯ 56	⑰ 60	⑱ 48		

52단계 ▶▶ 119쪽

① 63	② 72	③ 27	④ 30	⑤ 63
⑥ 0	⑦ 64	⑧ 56	⑨ 81	⑩ 54
⑪ 48	⑫ 54	⑬ 42	⑭ 56	⑮ 80

53단계 ▶▶ 120쪽

① 45	② 72	③ 24	④ 56	⑤ 54
⑥ 54	⑦ 40	⑧ 42	⑨ 18	⑩ 0
⑪ 49	⑫ 80	⑬ 81	⑭ 64	⑮ 21
⑯ 42	⑰ 56	⑱ 24		

53단계 ▶▶ 121쪽

① 42	② 30	③ 36	④ 48	⑤ 30
⑥ 63	⑦ 0	⑧ 40	⑨ 27	⑩ 28
⑪ 56	⑫ 56	⑬ 72	⑭ 63	⑮ 90

54단계 ▶▶ 122쪽

6단		7단		8단		9단	
1	6	1	7	1	8	1	9
2	12	2	14	2	16	2	18
3	18	3	21	3	24	3	27

4	24	4	28	4	32	4	36
5	30	5	35	5	40	5	45
6	36	6	42	6	48	6	54
7	42	7	49	7	56	7	63
8	48	8	56	8	64	8	72
9	54	9	63	9	72	9	81

55단계 ▶▶ 124쪽

×	1	2	3	4	5	6	7	8	9
6							42	48	54
7				28	35	42		56	63
8			24	32			56		72
9			27	36		54	63	72	

54단계 ▶▶ 123쪽

6단		7단		8단		9단	
9	54	9	63	9	72	9	81
8	48	8	56	8	64	8	72
7	42	7	49	7	56	7	63
6	36	6	42	6	48	6	54
5	30	5	35	5	40	5	45
4	24	4	28	4	32	4	36
3	18	3	21	3	24	3	27
2	12	2	14	2	16	2	18
1	6	1	7	1	8	1	9

55단계 ▶▶ 125쪽

①

×	2	5	8	1	4	3	6	7	9
6	12	30	48	6	24	18	36	42	54

②

×	1	7	9	2	5	6	3	4	8
7	7	49	63	14	35	42	21	28	56

③

×	5	6	1	8	7	2	3	9	4
8	40	48	8	64	56	16	24	72	32

④

×	2	9	3	1	8	4	7	5	6
9	18	81	27	9	72	36	63	45	54

56단계 ▶▶ 126쪽

×	1	2	3	4	5	6	7	8	9	10
6	6	12	18	24	30	36	42	48	54	60

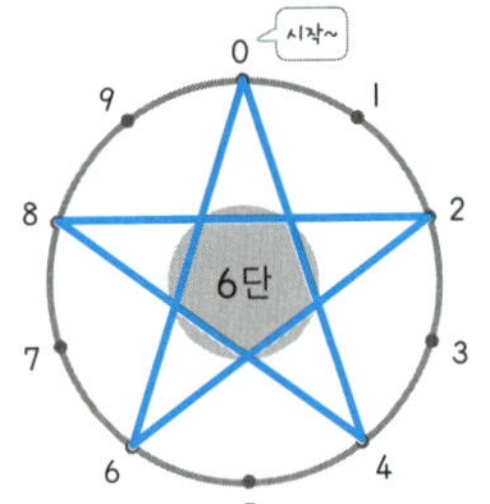

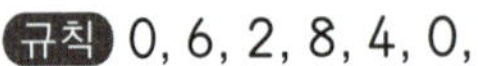 

규칙 0, 6, 2, 8, 4, 0,

56단계 ▶▶ 127쪽

×	1	2	3	4	5	6	7	8	9	10
7	7	14	21	28	35	42	49	56	63	70

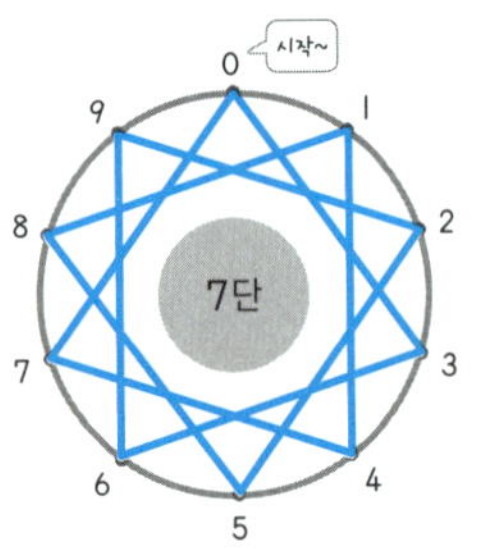

규칙 

57단계 ▶▶ 128쪽

×	1	2	3	4	5	6	7	8	9	10
8	8	16	24	32	40	48	56	64	72	80

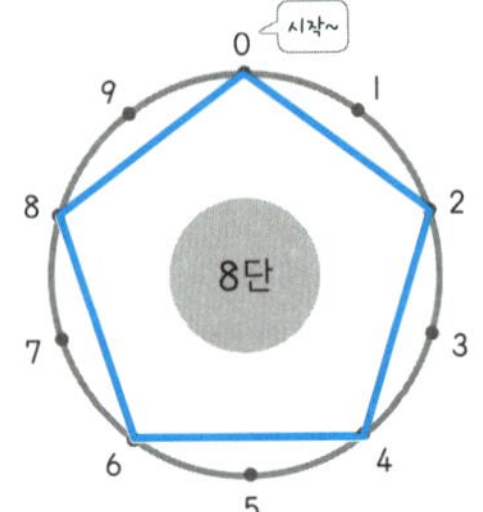

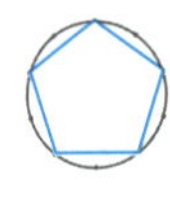

규칙 0, 8, 6, 4, 2, 0,

57단계 ▶▶ 129쪽

×	1	2	3	4	5	6	7	8	9	10
9	9	18	27	36	45	54	63	72	81	90

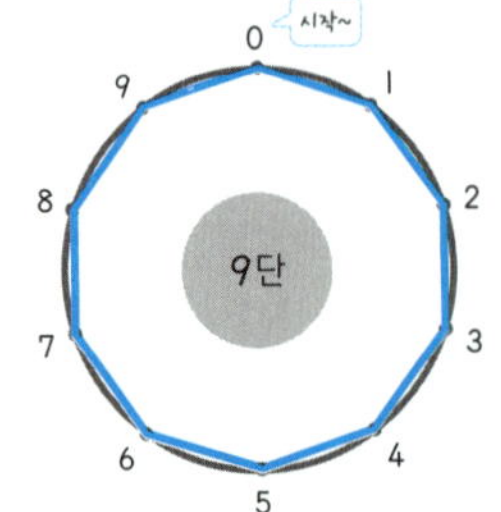

규칙 0, 9, 8, 7, 6, 5, 4,
3, 2, 1, 0

구구단 속 규칙 찾기 ≫

58단계 ▶▶ 132쪽

① 2　　② 2　　③ 5　　④ 5

58단계 ▶▶ 133쪽

① ㉮ 3, 6, 9, 12, 15, 18, 21, 24, 27
　㉯ 6, 12, 18, 24, 30, 36, 42, 48, 54
　㉰ 9, 18, 27, 36, 45, 54, 63, 72, 81

② 3, 6　　③ 9, 9

59단계 ▶▶ 134쪽

① 5, 5, 7, 7, 9, 9　　　② 같습니다

59단계 ▶▶ 135쪽

① 1　　② 4　　③ 9　　④ 16　　⑤ 25

⑥ 36　　⑦ 49　　⑧ 64　　⑨ 81

60단계 ▶ 136쪽

×	1	2	3	4	5	6	7	8	9
1	1	2	3	4	5	6	7	8	9
2	2	4	6	8	10	12	14	16	18
3	3	6	9	12	(15)	18	21	24	27
4	4	8	12	16	20	24	28	32	36
5	5	10	△15	20	25	30	35	(40)	45
6	6	12	18	24	30	36	42	48	54
7	7	14	21	28	35	42	49	56	63
8	8	16	24	32	△40	48	56	64	72
9	9	18	27	36	45	54	63	72	81

① 3　　② 5　　③ 같습니다

60단계 ▶ 137쪽

×	1	2	3	4	5	6	7	8	9
1	1								
2		4			10				
3			9						
4				16					
5		♥			21				
6					25	36			
7			✿				49		
8					★			64	
9									81

61단계 ▶ 138쪽

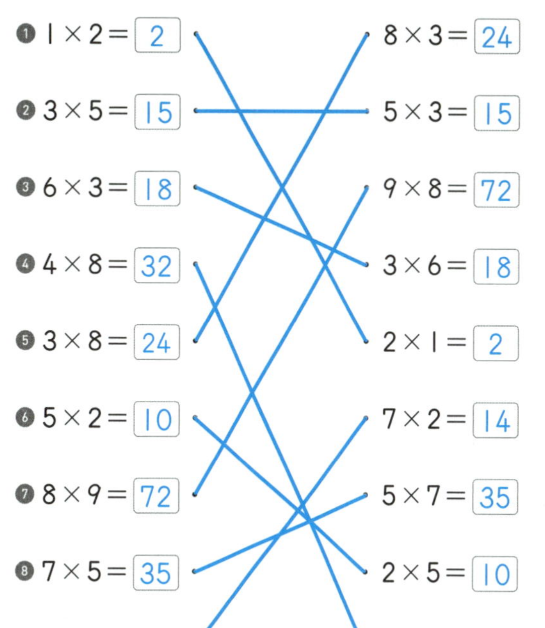

❶ $1 \times 2 = 2$　　　　$8 \times 3 = 24$

❷ $3 \times 5 = 15$　　　　$5 \times 3 = 15$

❸ $6 \times 3 = 18$　　　　$9 \times 8 = 72$

❹ $4 \times 8 = 32$　　　　$3 \times 6 = 18$

❺ $3 \times 8 = 24$　　　　$2 \times 1 = 2$

❻ $5 \times 2 = 10$　　　　$7 \times 2 = 14$

❼ $8 \times 9 = 72$　　　　$5 \times 7 = 35$

❽ $7 \times 5 = 35$　　　　$2 \times 5 = 10$

❾ $2 \times 7 = 14$　　　　$8 \times 4 = 32$

61단계 ▶ 139쪽

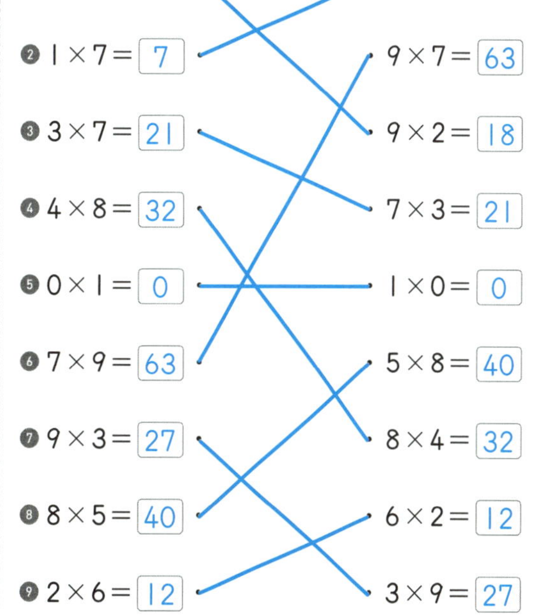

❶ $2 \times 9 = 18$　　　　$7 \times 1 = 7$

❷ $1 \times 7 = 7$　　　　$9 \times 7 = 63$

❸ $3 \times 7 = 21$　　　　$9 \times 2 = 18$

❹ $4 \times 8 = 32$　　　　$7 \times 3 = 21$

❺ $0 \times 1 = 0$　　　　$1 \times 0 = 0$

❻ $7 \times 9 = 63$　　　　$5 \times 8 = 40$

❼ $9 \times 3 = 27$　　　　$8 \times 4 = 32$

❽ $8 \times 5 = 40$　　　　$6 \times 2 = 12$

❾ $2 \times 6 = 12$　　　　$3 \times 9 = 27$

□ 안의 수 구하기 >>

62단계 ▶▶ 140쪽

2단
2× 1 =2
2× 2 =4
2× 3 =6
2× 4 =8
2× 5 =10
2× 6 =12
2× 7 =14
2× 8 =16
2× 9 =18

5단
5× 1 = 5
5× 2 =10
5× 3 =15
5× 4 =20
5× 5 =25
5× 6 =30
5× 7 =35
5× 8 =40
5× 9 =45

62단계 ▶▶ 141쪽

① 5　② 7　③ 8　④ 8　⑤ 8
⑥ 9　⑦ 8　⑧ 6　⑨ 8　⑩ 6
⑪ 9　⑫ 7　⑬ 6　⑭ 5　⑮ 7
⑯ 9　⑰ 8　⑱ 9

63단계 ▶▶ 142쪽

3단
3×1=3
3×2=6
3×3=9
3×4=12
3×5=15
3×6=18
3×7=21
3×8=24
3×9=27

9단
9×1=9
9×2=18
9×3=27
9×4=36
9×5=45
9×6=54
9×7=63
9×8=72
9×9=81

63단계 ▶▶ 143쪽

① 2　② 8　③ 9　④ 3　⑤ 4
⑥ 4　⑦ 5　⑧ 4　⑨ 6　⑩ 6
⑪ 7　⑫ 7　⑬ 9　⑭ 8　⑮ 3
⑯ 6　⑰ 9　⑱ 9

64단계 ▶▶ 144쪽

① 6　② 9　③ 6　④ 7　⑤ 5
⑥ 6　⑦ 4　⑧ 7　⑨ 7　⑩ 7
⑪ 2　⑫ 5　⑬ 6　⑭ 4　⑮ 7
⑯ 6　⑰ 9　⑱ 8

64단계 ▶▶ 145쪽

① 9　② 9　③ 9　④ 0　⑤ 7
⑥ 8　⑦ 8　⑧ 6　⑨ 6　⑩ 4
⑪ 6　⑫ 8　⑬ 7　⑭ 6　⑮ 0
⑯ 9　⑰ 1　⑱ 7

구구단 기초 문장제 >>

65단계 ▶▶ 146쪽

① 7, 14, 14　　② 3, 18, 18
③ 4, 20, 20　　④ 5, 45, 45

65단계 ▶▶ 147쪽

예제 1 7, 6, 42 / 42명

① 15마리　　② 28줄　　③ 72명

풀이 ① 3×5＝15(마리)
　　　② 4×7＝28(줄)
　　　③ 8×9＝72(명)

66단계 ▶▶ 148쪽

예제 2 9, 9, 5, 5 / 5팀

① 7마리　　　② 4송이

풀이 ① 2×□＝14, □＝7
　　　② 8×□＝32, □＝4

66단계 ▶▶ 149쪽

예제 3 4, 8, 2, 6, 8, 6, 14 / 14개

① 20개　　　② 56봉지

풀이 ① 초코맛 우유: 4×3＝12(개),
　　　딸기맛 우유: 4×2＝8(개)
　　　진열되어 있는 우유: 12＋8＝20(개)
　　② 젤리: 8×4＝32(봉지),
　　　사탕: 3×8＝24(봉지)
　　　젤리와 사탕: 32＋24＝56(봉지)

구구단 통과 문제 >>

구구단 통과 문제 1 ▶▶ 151쪽

① 21　② 24　③ 18　④ 40　⑤ 3
⑥ 36　⑦ 35　⑧ 20　⑨ 54　⑩ 16
⑪ 0　⑫ 28　⑬ 42　⑭ 32　⑮ 25
⑯ 27　⑰ 42　⑱ 72

구구단 통과 문제 2 ▶▶ 152쪽

① 0　② 18　③ 24　④ 28　⑤ 12
⑥ 5　⑦ 64　⑧ 50　⑨ 63　⑩ 15
⑪ 30　⑫ 7　⑬ 40　⑭ 14　⑮ 12
⑯ 54　⑰ 48　⑱ 56

초등학생을 위한

바쁜 초등학생을 위한 빠른 구구단

+ 특별 부록

구구단 도형 그리기

2단

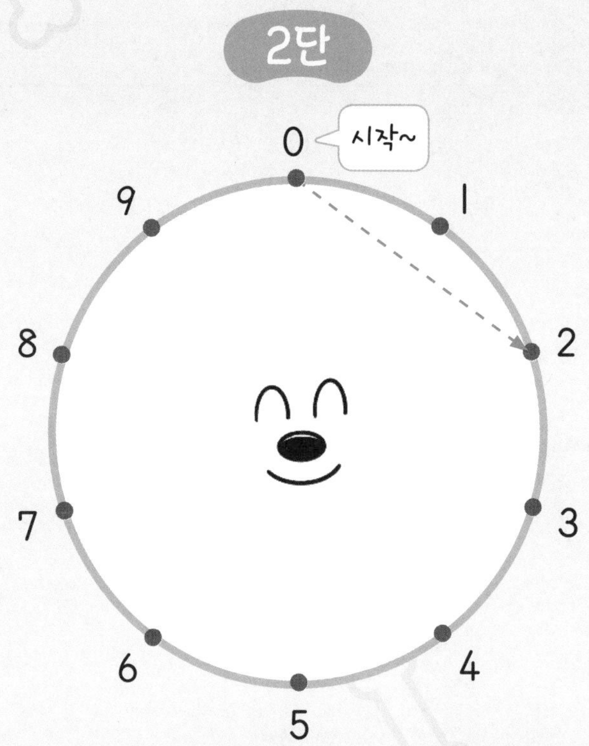

3단

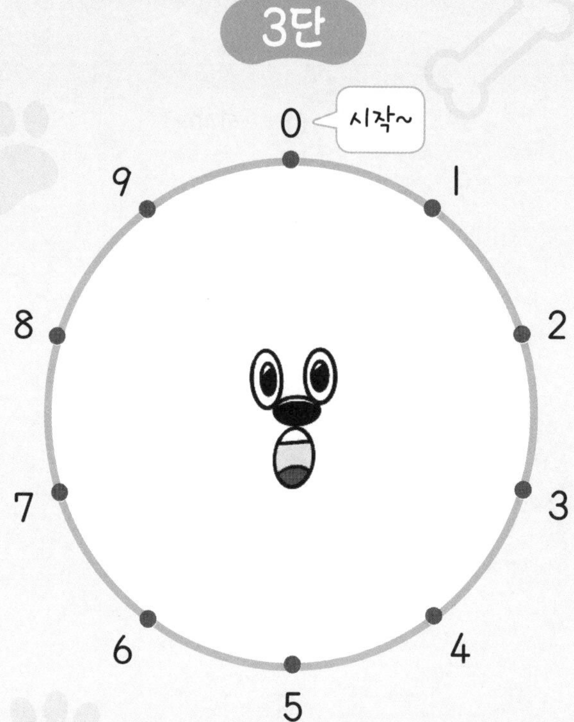

4단

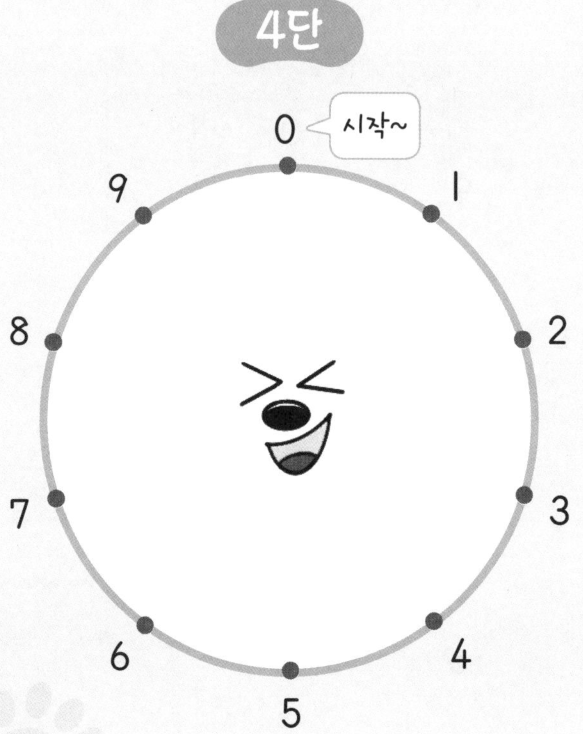

5단

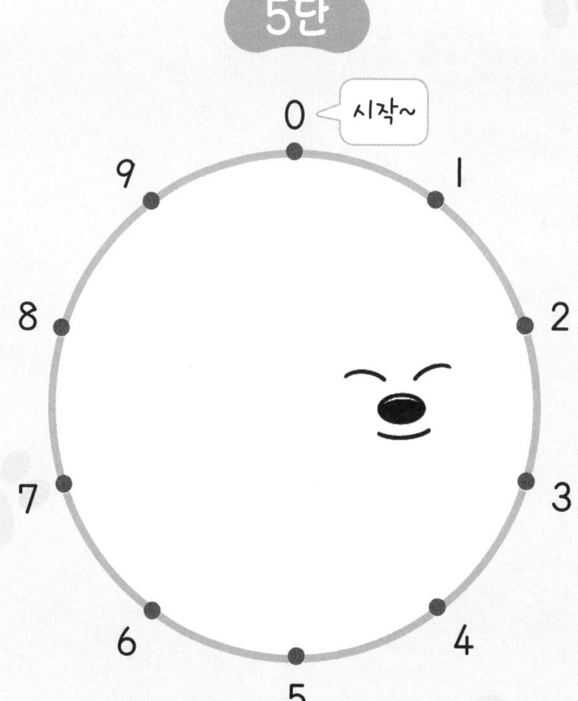

구구단 도형 그리기

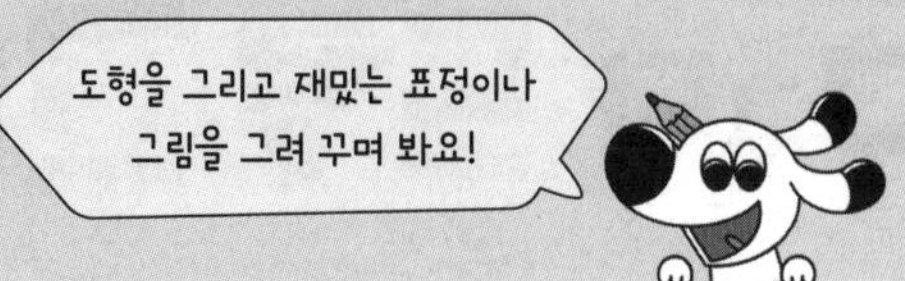

6단

0 시작~
9 1 2 3 4 5 6 7 8

7단

0 시작~
9 1 2 3 4 5 6 7 8

8단

0 시작~
9 1 2 3 4 5 6 7 8

9단

0 시작~
9 1 2 3 4 5 6 7 8

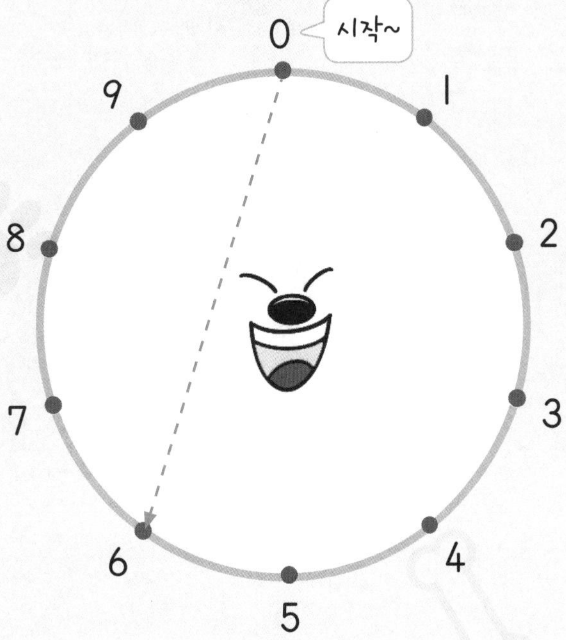

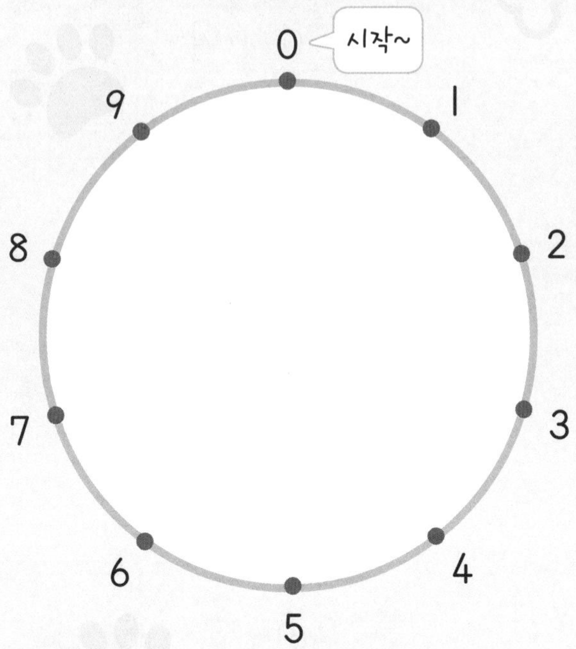

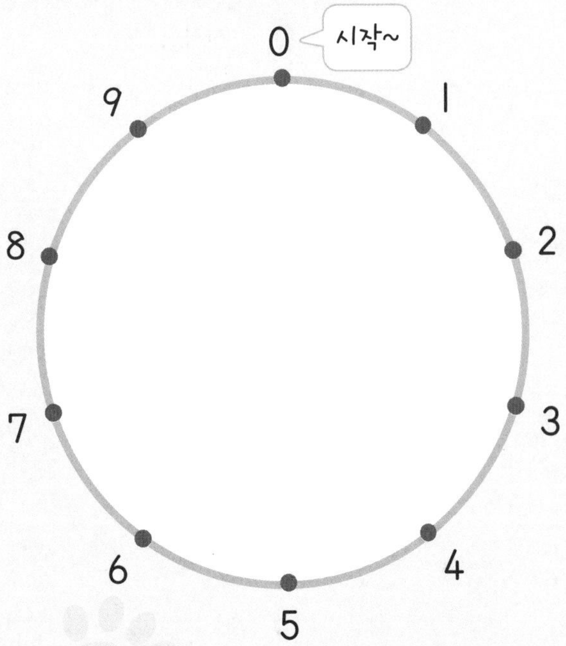

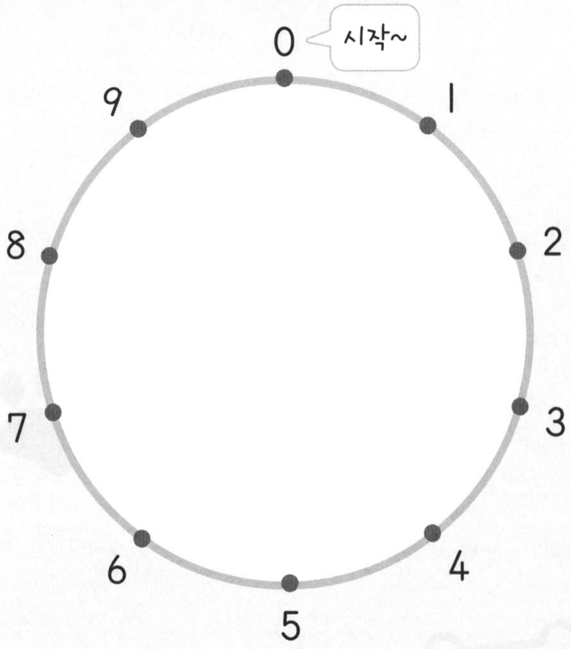

땅따먹기

1. 주사위 2개를 던져요. (수 카드 2장을 뽑아도 돼요.)

2. 나온 수만큼 가로, 세로 칸을 그려 내 땅을 만들어요.

3. 그릴 자리가 없으면 한 판 쉬어요.

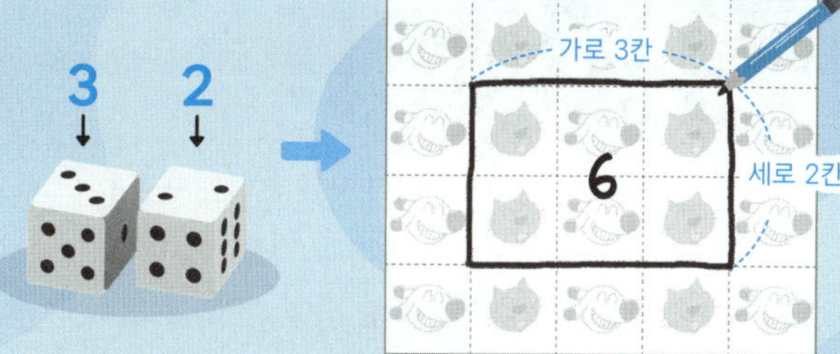

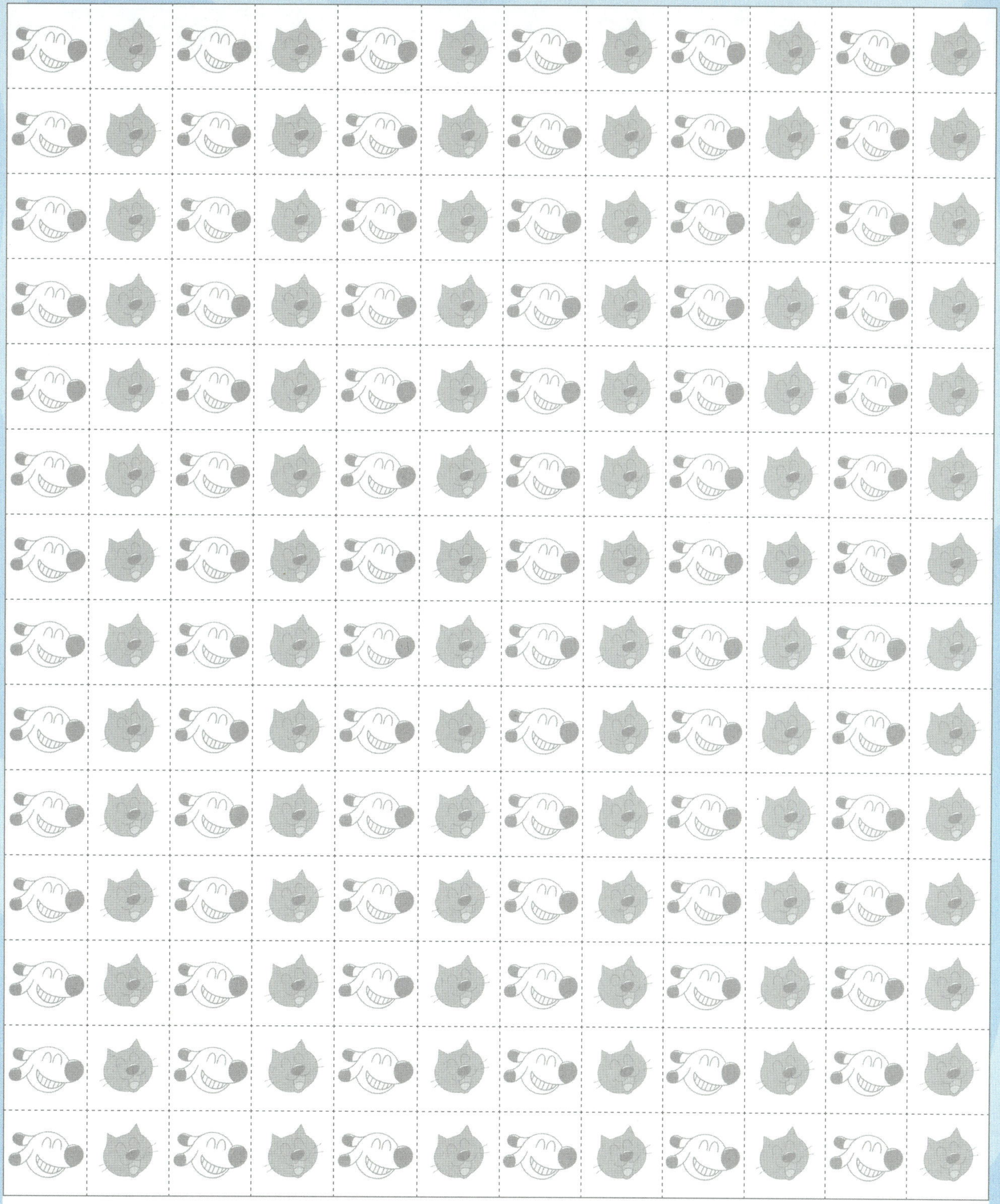

땅따먹기 놀이는 사각형의 크기를 곱셈으로 나타내는 놀이예요. 예) 가로 세 칸, 세로 두 칸 ➡ 3의 2배 ➡ 3x2=6
가로 두 칸, 세로 세 칸 ➡ 2의 3배 ➡ 2x3=6

땅 따 먹 기

1. 주사위 2개를 던져요. (수 카드 2장을 뽑아도 돼요.)

2. 나온 수만큼 가로, 세로 칸을 그려 내 땅을 만들어요.

3. 그릴 자리가 없으면 한 판 쉬어요.

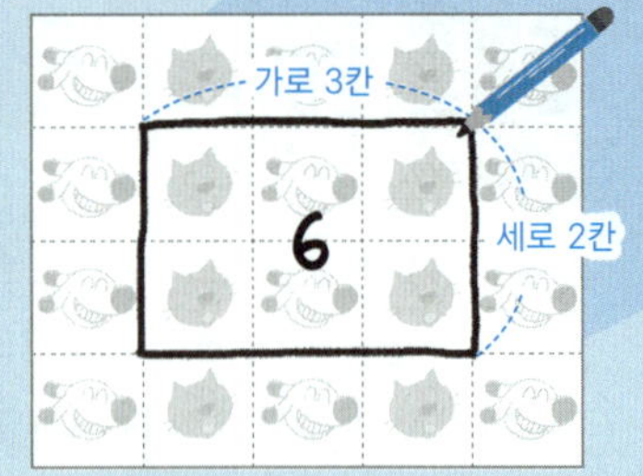

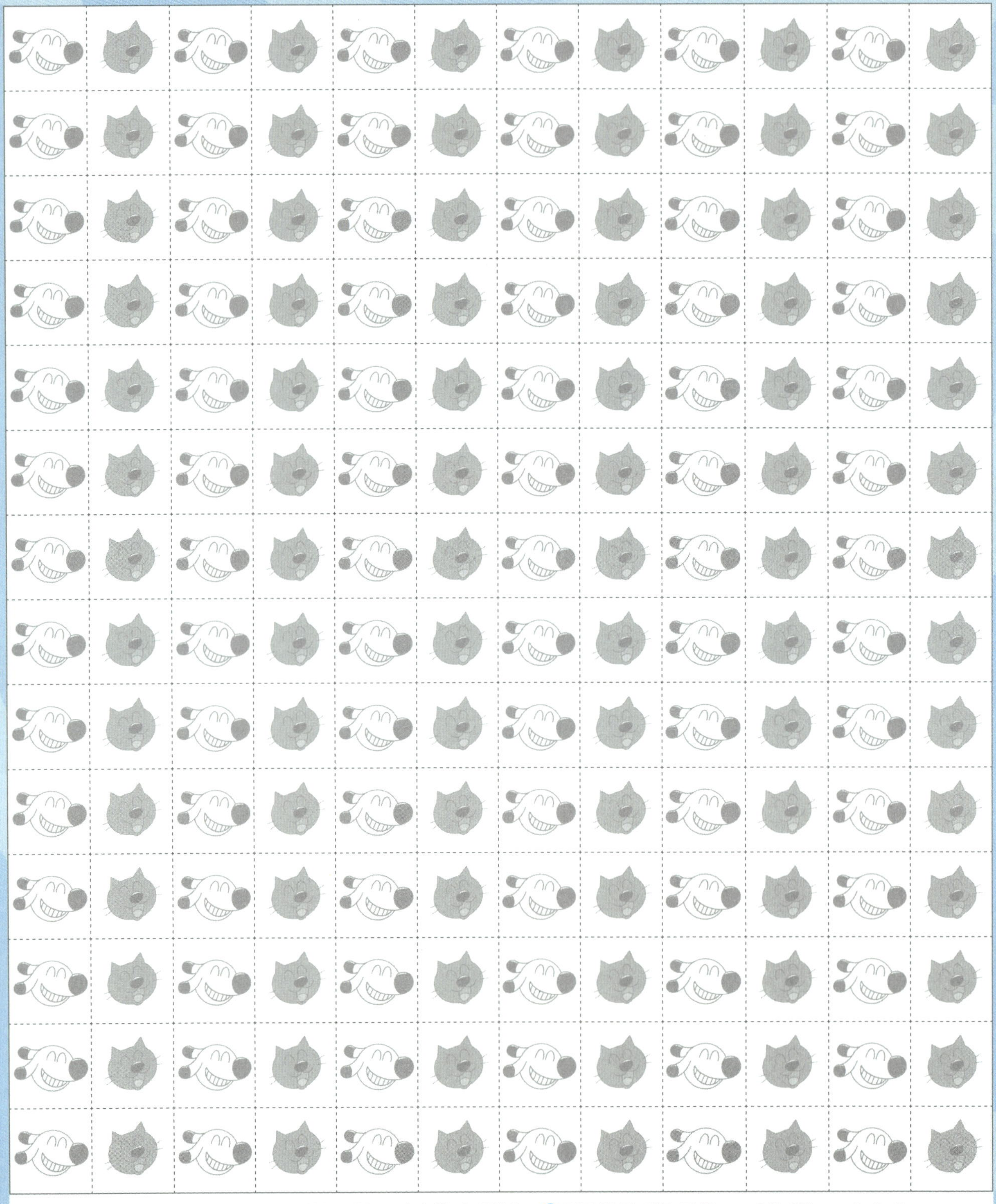

땅따먹기 놀이는 사각형의 크기를 곱셈으로 나타내는 놀이예요. 예 가로 세 칸, 세로 두 칸 ➡ 3의 2배 ➡ 3x2=6

가로 두 칸, 세로 세 칸 ➡ 2의 3배 ➡ 2x3=6

주사위 빙고

1. 주사위를 던져 나온 수만큼 말을 이동해요.
2. 도착한 칸에 쓰인 곱셈을 하고 빙고판에서 그 값을 지워요.
3. 가로, 세로, 대각선 중에서 2줄을 먼저 지우면 이겨요.

2명이 하는 게임이에요. 빙고판을 하나씩 정해요.

출발
다시 던지기

8X6
1X5
한 칸 앞으로!
7X8
10X4
2X7
9X3
0X6
다음 기회에
5X4
4X7
8X4
7X9
10X6
9X2
다시 던지기
6X5
4X3
3X7
5X9
한 칸 앞으로!
2X6
7X7
한 칸 뒤로!
0X2
8X5
1X9
5X3
3X6
4X5
2X4

빙고판 1

5	8	12	18
15	20	30	14
28	32	0	48
45	56	49	63

빙고판 2

9	15	18	21
12	8	20	28
30	27	40	60
48	49	0	56

주사위 빙고

1. 주사위를 던져 나온 수만큼 말을 이동해요.
2. 도착한 칸에 쓰인 곱셈을 하고 빙고판에서 그 값을 지워요.
3. 가로, 세로, 대각선 중에서 2줄을 먼저 지우면 이겨요.

2명이 하는 게임이에요. 빙고판을 하나씩 정해요.

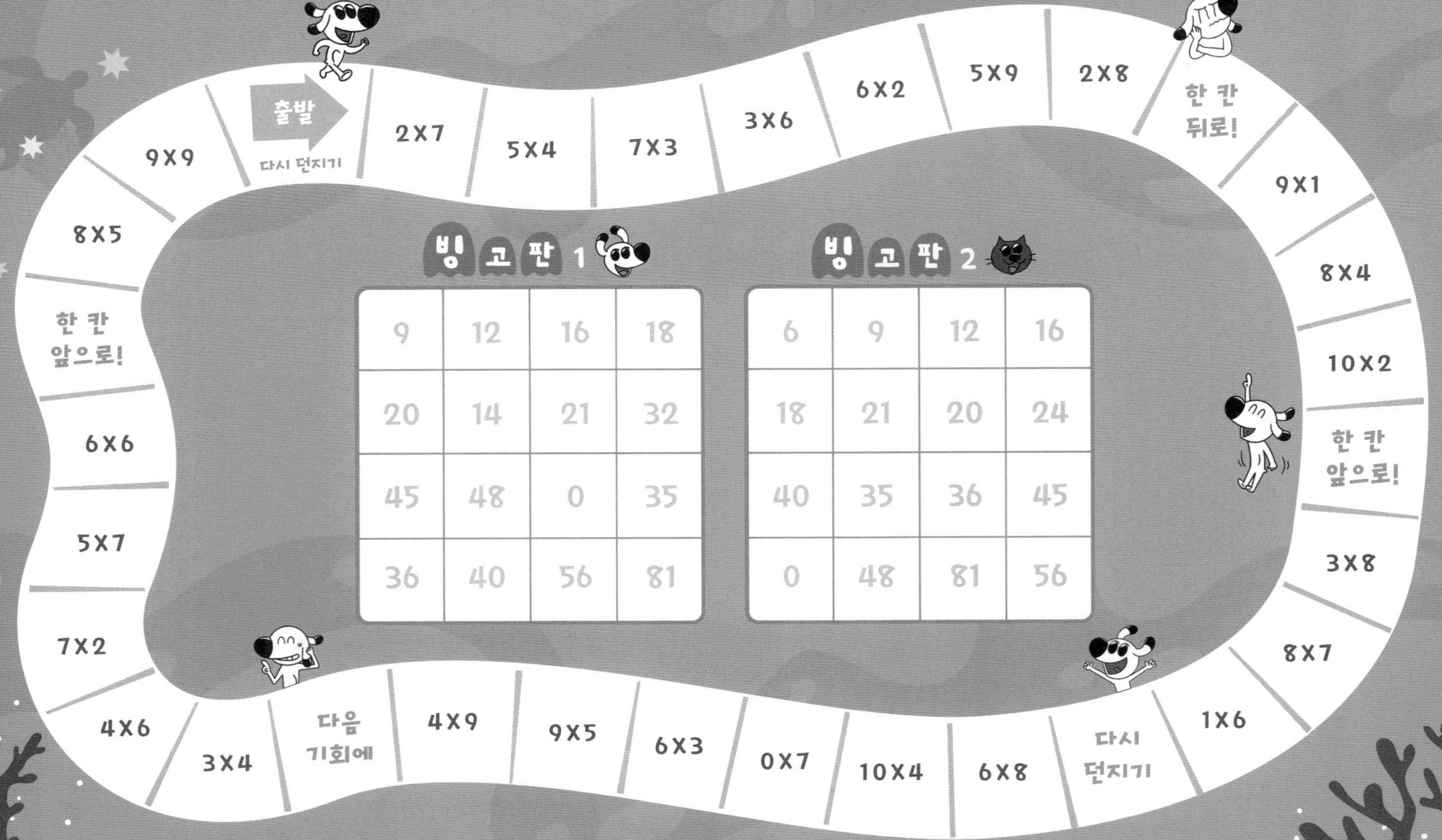

빙고판 1

9	12	16	18
20	14	21	32
45	48	0	35
36	40	56	81

빙고판 2

6	9	12	16
18	21	20	24
40	35	36	45
0	48	81	56

구구단 동서남북

1. 두 개의 판을 오려서 동서남북 종이접기를 해요.
2. 곱셈의 답은 곱셈 칸을 뒤집어 펴보면 볼 수 있어요.

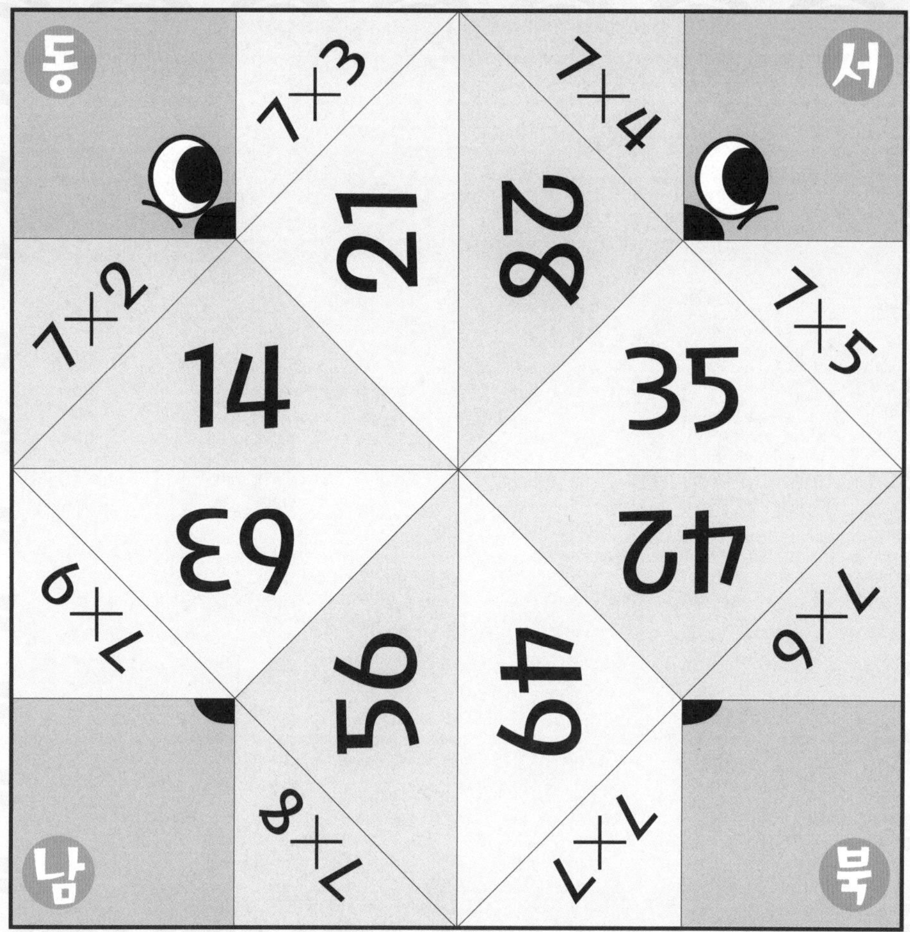

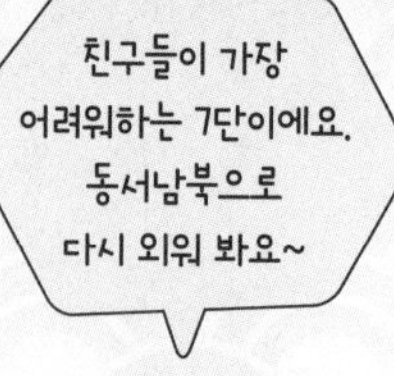

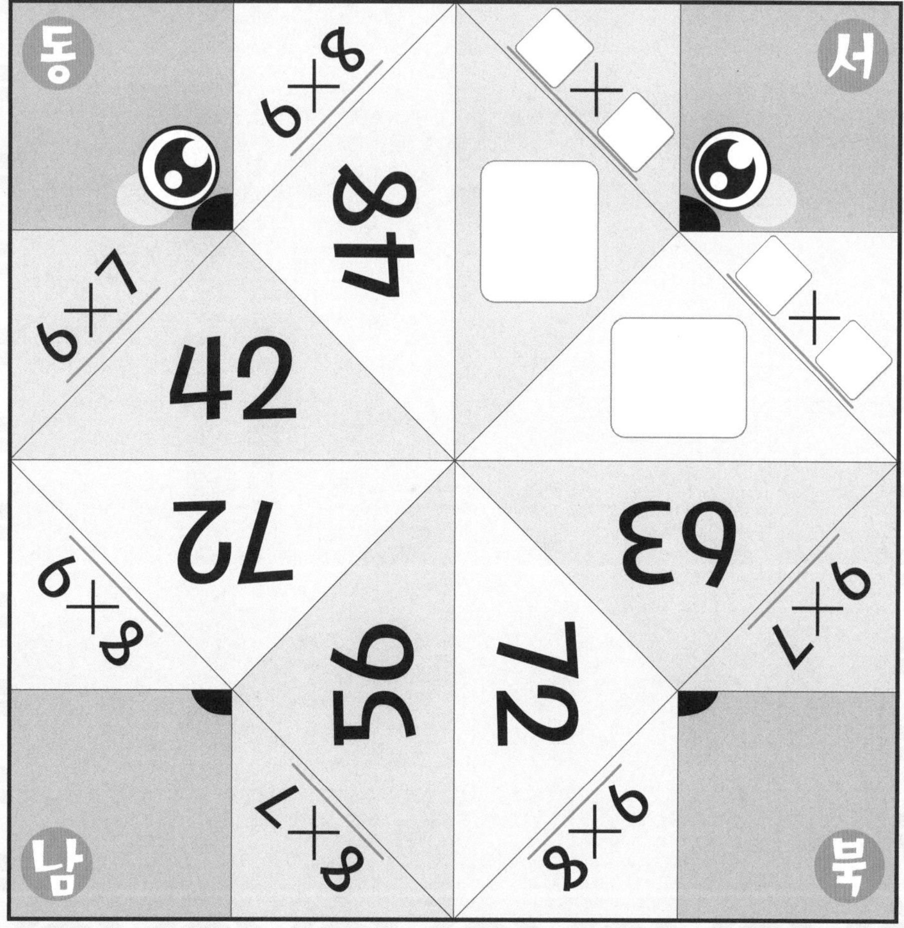

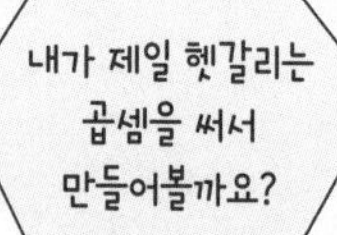